国际时尚设计丛书·服装

现代服装成本
核算与营销

APPAREL
COSTING

安德里亚·肯尼迪（Andrea Kennedy）

[美] 安德里亚·雷耶斯（Andrea Reyes） 　著

弗朗西斯科·威尼斯（Francesco Venezia）

刘小红　曹璐瑛　陈学军 　译

U0217137

中国纺织出版社有限公司

内 容 提 要

　　本书以丰富的案例和实用化图表，详细介绍了服装产品的成本核算，涵盖全球化背景下服装供应链传统成本因素以及基于可持续发展的生态成本要素。主要内容包括成本核算基础，传统服装成本核算，全球生产采购与成本核算，成本因素，作业成本法与产品开发成本核算，目标市场与自有品牌定价，边际利润率、成本毛利率与折价率，降低成本的方法，可持续发展成本核算等。

　　本书既有理论性，又与实践紧密结合，具有很强的实用性、可操作性和广泛适应性。对于从事时尚服装行业人士以及正在服装专业学习的大学生，通过本书学习，有助于提升在全球化与可持续发展背景下服装产品成本核算的能力，以及服装设计、开发、采购、生产、营销和分销方面的决策能力。

原文书名：Apparel Costing
原作者名：Andrea Kennedy，Andrea Reyes，Francesco Venezia
Copyright © Fashiondex and Andrea Reyes, 2020
Flat CAD sketches © Francesco Venezia
Flat pattern and marker illustrations © Andrea Reyes
This translation of *Apparel Costing* is published by arrangement with Bloomsbury Publishing Plc.
本书中文简体版经 Bloomsbury Publishing Plc 授权，由中国纺织出版社有限公司独家出版发行。
本书内容未经出版者书面许可，不得以任何方式或任何手段复制、转载或刊登。

著作权合同登记号：图字：01-2023-2283

图书在版编目（CIP）数据

现代服装成本核算与营销 ／（美）安德里亚·肯尼迪（Andrea Kennedy），（美）安德里亚·雷耶斯（Andrea Reyes），（美）弗朗西斯科·威尼斯（Francesco Venezia）著；刘小红，曹璐瑛，陈学军译. 北京：中国纺织出版社有限公司，2024.9. --（国际时尚设计丛书）. -- ISBN 978-7-5229-1854-9

Ⅰ．TS941.631；F768.3

中国国家版本馆 CIP 数据核字第 2024G0Z765 号

责任编辑：李春奕　　责任校对：高　涵　　责任印制：王艳丽

中国纺织出版社有限公司出版发行
地址：北京市朝阳区百子湾东里 A407 号楼　邮政编码：100124
销售电话：010—67004422　传真：010—87155801
http://www.c-textilep.com
中国纺织出版社天猫旗舰店
官方微博 http://weibo.com/2119887771
天津千鹤文化传播有限公司印刷　各地新华书店经销
2024 年 9 月第 1 版第 1 次印刷
开本：787×1092　1/16　印张：9.5
字数：196 千字　定价：69.80 元

译者序

本书是由安德里亚·肯尼迪、安德里亚·雷耶斯和弗朗西斯科·威尼斯合著的服装成本核算著作，三位作者长期从事服装时尚领域方面的教学、营销和设计工作，在服装经营与成本核算方面具有丰富的经验与工作经历。原书由布鲁姆斯伯里出版有限公司（Bloomsbury Publishing Plc）于2020年首次出版发行，并被大英图书馆和美国国会图书馆收录。原书具有以下特点：

第一，具有完整的服装成本核算体系。本书从成本核算基础，传统服装成本核算，全球生产采购与成本核算，成本因素，作业成本法与产品开发成本核算，目标市场与自有品牌定价，边际利润率、成本毛利率与折价率，降低成本的方法，可持续发展成本核算等九个方面系统地介绍了服装成本核算的基本理论以及适应服装市场营销环境和生产技术变化的服装成本核算方法。

第二，提供丰富的服装成本核算案例。该书以服装企业成本核算的实际案例，深入浅出地介绍了服装成本核算理论，既有理论性，又与实践紧密结合，具有很强的实用性。书中服装成本核算的关键概念和核算方法都以服装企业实例加以说明，使读者更容易理解和掌握，并为读者留有相关的实践练习和讨论，对于提升服装成本核算能力有很大帮助。

第三，涵盖传统成本核算以及全球化与可持续发展背景下的成本核算。一方面，结合服装市场全球化、电商化、可持续发展的特点，提供适应这些变化的成本核算方法和实际案例。另一方面，从平衡质量、价格和利润的角度，提出服装设计、开发、采购、生产、营销市场策略，让读者由浅入深地理解和应用服装成本核算理论，解决服装成本核算中遇到的实际问题。

第四，具有可操作性和广泛适应性。书中提供了服装成本核算和定价所需要的成本要素、成本信息、成本计算表范例等内容，以及适应定制、单件生产、大批量生产等不同类型的成本计算模型，读者可从服装设计师、服装公司案例中，学习根据款式、面料、辅料、劳动力、毛利等供应链中的全部成本因素计算总成本，确保可持续的利润。

本书围绕服装成本核算，系统阐述了服装成本核算理论、方法和技巧，适合从事时尚服装行业的职业人士以及正在服装专业学习的大学生。

本书翻译由惠州学院旭日广东服装学院刘小红（教授）、曹璐瑛（讲师）、陈学军（教授级高级工程师）共同完成。本书得到惠州学院纺织科学与工程（服装设计与工程）重点学科、旭日广东企业研究社经费支持，在此一并表示感谢。

刘小红

2024年5月

序

    时装行业是一个瞬息万变、令人振奋的行业，不会停滞不前。潮流、面料、颜色、廓型、款式……每天都在变化。技术以及技术支持下的采购、生产排期和供应链模型正在不断优化，帮助公司保持竞争力。针对客户和分销渠道的营销策略，也在向更灵活的模式转变。技术的每一次变化都会影响整个服装行业，同样也必然会影响服装的成本核算方法。设计师和采购商必须在质量、价格和利润（即销售后费用和收入之间的差额）之间取得平衡，并因此调整他们现行的做法。为了适应这些变化，企业需要不断调整其在设计、开发、采购、生产、营销和分销方面的营销策略以及成本核算方法。

    本书详细介绍了传统成本核算和现行的成本核算，以及适应现在和未来服装市场全球化、快节奏、电子商务等变化的成本核算方法。其为读者提供了当前市场上服装产品成本核算和定价所需要的成本要素、成本信息、成本计算表范例等内容。学生将会了解到，很多年轻设计师、公司和时尚行业新人（像他们自己一样），会根据某一款式的面料、辅料和劳动力计算成本以及毛利。然而，由于其他业务活动消耗了预期毛利，计算的利润并不可持续，甚至会亏损。在本书中提供了服装成本核算指南，涵盖了不同供应链的全部成本因素，以保证服装企业可持续的利润。

    本书有助于学习本地化生产和全球化生产的服装成本核算，涉及利润导向成本核算的所有因素，包括如何计算间接成本中工厂采购、间接费用、行政管理和产品开发等因素的占比。同时，还能学习到当今服装行业定价和成本战略方面的最新知识。此外，由于服装行业供应链更加重视社会责任，本书从社会责任和透明生产的角度，比较了目前的成本计算方式和未来的成本计算方式。

    书中包含了近年来成本核算和设计学术会议成果，以及与设计师和产品开发团队咨询的集体成果，涵盖了定制、单件生产、大批量生产等各种不同生产规模的成本计算方法。无论经营规模有多大，都需要完整的、没有遗漏任何内容的成本表，否则就会因为疏忽而使公司丧失盈利能力。

安德里亚·肯尼迪、安德里亚·雷耶斯及弗朗西斯科·威尼斯

于纽约

目录

绪论

现在的服装企业比以前更加重视成本，不是因为他们不知道如何花钱，而是大多数公司都知道如何利用成本核算，并且这些企业一直都是成本核算方面的专家，成本核算做得不错。但是，在这个瞬息万变的时尚世界里，即使是最有经验的时尚专业人士，也不能一成不变地进行成本核算。在当前的零售环境中，许多零售商都在不断地打折，从而增加了生产企业的折扣、折价、退款（退款，指被零售商/供应商扣除的货款金额，源于无法全价出售的打折商品，通常是因为收到不完整、过期、损坏或不是顾客期望的产品），降低了生产企业的利润。随着退款和折价损失的不断增加，所有服装企业的利润都会因此而减少。

近年来，一直在进行专业成本核算的生产企业和自有品牌零售商突然发现，同一个店铺的销售额连续几个月下降。为什么会这样呢？因为商店存货过多，普通消费者都在寻找更便宜的货品。消费者购物的方式也在不断变化：电子商务网站、移动购物、当日或次日送货以及自动化店铺等。与此同时，服装企业生产商品的方式也在不断改进。得益于CAD、CAM、3D和PLM技术，设计、采购和生产实现了数字化，服装生产比以往任何时候都快，成本也比以往任何时候都低。尽管软件和自动化设备成本较高，但可以提高生产率，增加销售量。

通常情况下，销售量增加，利润也会随之增加，而实际情况并非如此。近来，零售商、制造商和工厂等所有利益相关者都在关注利润下降的问题，而成本核算首当其冲。在大多数情况下，仅仅关注成本核算并不能解决利润下降的问题。公司必须从款式、板型、制造、排期、销售、生产、零售地点、营销方法和消费者的价值观等方面进行分析。

更重要的是，企业应该重视公司内部的企业文化。如果这些因素过时了，无论在成本还是在定价方面做出多少努力，企业都无法盈利。然而，大多数公司还是优先考虑成本表，因为修订成本表要比寻找合适的标准或有效的生产方法容易得多。而在审视成本核算表时，主要的工作是要审核每一项费用是否都计入了成本表中。

一般来说，在检查每款成本之前，企业首先会查看损益表，如表0-1所示。损益表显示公司在年度、季度或其他特定时期的财务业绩。首先看损益表的第一行，即公司的销售总额或收入，然后看最后一行，即净利润或净亏损。这个数字很重要，决定了该企业能否在下一阶段维持其业务。

表0-1　基本损益表　　　　　　　　　　　　　　　　　　　　　单位：美元

ABC 服装公司损益表		
总销售收入	1000000	第一行
减：销售退货	−20000	
净销售收入	980000	
减：销售成本（COGS）	−500000	
毛利	480000	
减：经营费用（行政、公用设施等）	−230000	
税前及折旧前净收入	250000	
减：税	−50000	
减：折旧费用	−25000	
净利润	175000	最后一行

资料来源：改编自 Investopedia Inc.。在网上搜索 "Investopedia，bottom line"。

如果一个公司的净利润需要提高，可以尝试增加他们的销售收入（通过创造更多的销售额）或减少支出（通过削减商品成本、运营成本或其他费用）。增加收入，需要增加市场营销、生产、人员或技术费用，总支出通常也会增加。减少支出，就会削减市场营销、人员、供应链方面的投入，公司的生产效率会降低，进而降低其净利润。因此，成功的企业必须不断平衡他们的收入和支出，以获得盈利。

从损益表全局出发进行战略平衡的同时，企业平衡成本表也必须保持灵活性。如果产品成本过低，将无法获得可持续的利润；如果成本太高，则无法售出所需的数量。保持费用、利润和成本的平衡就像一只脚站着在原地玩转圈游戏，你可能很擅长这个游戏，可是当有人进来干扰时，你得重新开始。这就是当今时尚界正在发生的事情。

现在让我们进入这个游戏的世界吧！

关键词

最后一行　bottom line	折价　markdowns
退款　chargebacks	利润　profit
折扣　discount	第一行　top line
损益表　income statement	

第1章　成本核算基础

成本核算是时装从业人员在服装产品研发的各个阶段必须完成的一项工作。成本核算不仅仅是计算一件服装的成本，还需要针对特定目标顾客或价格对服装款式进行微调。

1.1　成本核算角色

根据公司规模的不同，成本核算由不同人和部门来执行。在小型公司，成本核算可由业主或设计师完成。在中型公司，成本核算通常由生产经理或采购员执行。在大型公司，成本核算可能由产品经理或销售经理执行。在更大型的公司里，会设置一个成本核算经理职位。

小型公司通常会使用Excel电子表格或其他应用程序电子表格来计算其成本，如图1-1所示。大型公司使用产品生命周期管理（以下简称

图1-1　Excel表格在成本核算中的应用

PLM）系统进行成本核算。PLM软件通过设计、开发、材料采购、生产和分销过程来管理产品信息。更大型的公司通常也会使用PLM或其他类似的软件系统。过去使用传统成本计算表，需要人工来解释和统计。现在，为了让服装专业人员使用PLM或其他软件进行成本核算，必须先让他们了解数据、数据的计算方法以及良好的成本核算思维。无论谁（所有者、设计师、产品经理或成本核算经理）做成本核算，无论使用什么方式（如人工、Excel表格或PLM）完成成本表，都需要他们具有卓越的分析技能、对细节的精确关注以及谈判能力。因为在服装生产的每一个阶段都要进行成本核算，这些技能在每个款式的开发、生产和完成阶段都会用到。本书会按照"成本核算时间节点"，阐述这些独立但相互关联阶段的成本核算。

1.2　成本核算时间节点

成本核算是全过程的核算，如图1-2所示。一件服装成本核算涵盖了生产前、生产期间和生

产后的全部过程，只有这样，才能正确核算成本。因为样衣在开发阶段初期的成本都比较高，全过程的成本核算有助于降低在其他样衣开发上花费的时间和金钱。

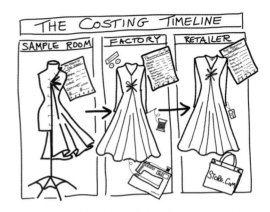

图1-2 成本核算时间节点：样衣—工厂—零售

许多新手设计师在样衣获得认可之后才开始核算服装成本。如果他们在第一次评估样衣时，就查看他们的成本表会更有指导意义。因为如果把时间和金钱都用于改善款式，而该款式成本就可能远远高于目标，而最终成本则不在有效的成本范围内，从而导致样衣不能进入实际生产而浪费样衣的开发费用。因此早期成本核算与后期成本核算和生产期间的成本核算同样重要。成本核算的三个阶段是生产前成本核算、生产成本核算和生产后成本核算。

1.2.1 生产前成本核算

生产前成本核算，也称为样衣成本核算、成本预算、成本估算、预测成本核算，是对成本的初步估算。生产前成本核算针对头板样衣以及随后修改的样衣。这个成本是根据制作每件样衣所用的面料、辅料以及劳务支出估算的。其他费用因素（如运费和关税）是根据现行费率估算的。生产前成本核算需要使用预估数量，例如预估每款生产和销售的数量是多少。

生产前成本核算的优点是：一旦收到样衣，如果样衣适合公司生产，便可以掌握该样衣的成本水平，并判断该款服装是否能安排到企业生产线进行生产。通常，生产前成本核算是在制作样衣之前进行的，这样可以让制造商知道是否值得裁剪、缝纫或编织样衣。

公司可以通过生产前成本核算来确定：

- 选用某款服装最有可能的生产成本；
- 是否能以目标成本生产出某款服装；
- 如果不能，可通过选择款式、面料、辅料、染色或后整理处理、劳动力或运输成本等其中最大成本因素，对款式进行修改，以降低生产成本。

掌握了这些信息之后，就可以按原计划生产，或者选择成本占比高且有必要降低成本的样衣进行修改，以此减少材料用量、工序的复杂性或工序时间。

生产前成本核算示例：

假设开发秋季维多利亚主题衬衫组合的一个款式。如图1-3所示，为一件荷叶边法式袖克夫长袖衬衫。创建一组包含款式信息和详细规格的页面，这些款式信息称为衬衫系列款式技术包。将技术包发送到海外工厂，返回丝绸样衣，其生产前成本为每件21.77美元，如表1-1所示。如果生产企业的目标成本为18～19美元（不包括关税和清关费用），在收到样衣后，马上就可知道需要对这款服装做一些调整，否则利润会大大降低。而现在就降低利润为时过早，因为这只是一个初步的成本表，所有的成本都是估算的，还没有计算间接成本。

图1-3　荷叶边法式袖克夫长袖衬衫

在生产前成本核算阶段，需要对样衣和初步成本表进行评估。为了按目标成本生产这款服装，每件服装需要降低2.80～3.80美元成本。目标成本是一件服装预期成本和最大允许成本，是基于对客户支付销售价格的判断。由于成本太高，要通过评估来确定对款式须进行哪些更改，以达到目标成本范围。从初步成本表中可以看到，成本因素中最高的是面料。因此，必须分析降低面料成本的方法。

降低面料成本可能的解决方案如下：

- 改变款式，选择较轻的真丝绉纱；
- 减少面料用量：缩短或缩窄前身荷叶边装饰、改为标准袖克夫而不是法式袖克夫、缩短上衣长度等；
- 将面料替换为真丝混纺织物；
- 与纺织厂/代理商协商降低面料价格。

第二高的成本因素是劳动力。款式的细节和后整理的改变可以减少缝制时间或复杂性，从而减少劳动力。

减少人工成本的可能解决方案如下：

- 省去领子、袖克夫以及省道上缉缝的装饰线迹；
- 省去前身和后身的省道；
- 将前身荷叶边的外边改为包缝，而不是卷边。

上面这些降低成本的方案，都是在设计开发早期削减成本的例子。每做一件样衣都必须生成一张新的成本表，以便设计师与生产企业能够理解且知道制造和销售特定款式是否有价值。

另一款维多利亚衬衫样衣将被订购，需要修改以降低成本，从而达到18～19美元的目标成本。发出的款式修改评语为：缩短前、后衣长1.9cm（3/4in），修改为标准袖克夫，缩短荷叶边至5.1cm（2in）。通过减少面料用量、消除领口和省道的缉缝线迹、选择较轻面料等降低成本。修改草图和技术包后，创建另一个款式的样衣，这个修改后的样衣，目标成本在预计范围内，如表1-2所示，每件产品的生产前成本为18.79美元（不包括关税和清关费用）。样衣款式如图1-4所示。

表 1-1 荷叶边法式袖克夫长袖衬衫初步成本估算表

初步成本估算表					
日期：03/2021		公司：KRV 设计			
款式代码：1000	样衣代码：200	季度：春一		组别：维多利亚女装上衣	
尺码范围：XS ~ XL	样衣尺码：M	款式描述：前身荷叶边长袖纽扣衬衫			
面料：16mm 丝绸 CDC					
面料	估计用量	单价（$/yard）	估计成本（$）	估计总成本	款式图
面料：丝绸 CDC	1.5	6.98	10.47		
里料：黏合衬	0.2	1.99	0.40		
运费：原料加工厂到工厂	1	0.50	0.50		
				$11.37	
辅料	估计用量	单价（$/yard/gr/pc）	估计成本（$）		
辅料 1：前中 18L 纽扣	8	0.01	0.08		正面图
辅料 2：袖克夫 14L 纽扣	4	0.01	0.04		
				$0.12	
物料	估计用量	单价（$/yard/gr/pc）	估计成本（$）		
物料 1：线	1	0.28	0.28		
物料 2：标签	1	0.50	0.50		
运费：供应商到工厂		0.25	0.25		
				$1.03	
人工	直接人工（$）	临时合同用工			
裁剪	1.55				
缝制：中国	4.95				
后整理：中国					
唛架 / 放码：中国	0.75				
				$7.25	
商品成本估计				$19.77	
运费	估计单价（$）				
估计运费	1.00				
关税					背面图
运费：本地运费	1.00				
运费小计				$2.00	
成本总计				$21.77	
	A	B	C		
销售价格					
净利润					
净利润率（%）					

注 （1）估计用量或估计成本按件计算。
　　（2）计量单位：$表示美元，yard 表示码（1yard=0.9144m），gr 表示笋（1gr=144pc），pc 表示片或条或粒等。以下各表采用相同表示方法。

表1-2 荷叶边标准袖克夫衬衫修订成本表（修改款式、结构，降低成本）

初步成本估算表					
日期：03/2021		公司：KRV 设计			
款式代码：1000	样衣代码：200	季度：春一		组别：维多利亚女装上衣	
尺码范围：XS ~ XL	样衣尺码：M	款式描述：前身荷叶边长袖纽扣衬衫			
面料：14mm 丝绸 CDC					
面料	估计用量	单价（$/yard）	估计成本（$）	估计总成本	款式图
面料：丝绸 CDC	1.3	6.38	8.29		
里料：黏合衬	0.1	1.99	0.20		
运费：原料加工厂到工厂	1	0.50	0.50		
				$8.99	
辅料	估计用量	单价（$/yard/gr/pc）	估计成本（$）		
辅料1：前中18L纽扣	8	0.01	0.08		
辅料2：袖克夫14L纽克夫	2	0.01	0.02		
				$0.10	
物料	估计用量	单价（$/yard/gr/pc）	估计成本（$）		
物料1：线	1	0.20	0.20		正面图
物料2：标签	1	0.50	0.50		
运费：供应商到工厂		0.25	0.25		
				$0.95	
人工	直接人工（$）	临时合同用工			
裁剪	1.45				
缝制：中国	4.55				
后整理：中国					
唛架/放码：中国	0.75				
				$6.75	
商品成本估计				$16.79	
运费	估计单价（$）				
估计运费	1.00				
关税					
运费：本地运费	1.00				
运费小计				$2.00	
成本总计				$18.79	背面图
	A	B	C		
销售价格					
净利润					
净利润率（%）					

请注意，荷叶边宽度略有减
小，省略领口绲缝线迹，修
改袖克夫

图1-4   荷叶边标准袖克夫衬衫

通常，需要两次以上的修订才能达到目标成本，但无论修订多少次成本表，都需要良好的成本核算技能，这些技能需要在样衣开发过程中及早进行练习实践，并应用到各个款式系列。如果还需要更多维多利亚主题的样衣，每件样衣都需附上一张初步的成本表。服装成本随着款式的变化而变化，包括款式的纸样、结构、缝制和后整理。

样衣被批准用于生产后，即可进入生产成本核算阶段。

1.2.2　生产成本核算

按照成本时间节点，从款式开发阶段进入生产阶段，成本核算从生产前成本核算进入生产成本核算，计算出最终的生产成本。虽然这是最终成本，但需要知道，这个阶段的成本仍然是一个估算。等完成生产和交货后，才能确定生产这款服装需要多少成本。

生产完成后，可根据该款式的面料、辅料、人工等各项制造成本计算生产成本。这时得出的生产成本又称为最终成本、标准成本或确定成本，包括间接费用、运输费用、关税和清关费用。生产成本计算与每个款式的合约数量及产地位于哪个国家有关。通过正确计算生产成本，可以确保企业生产某款服装采购的所有材料和服务都能在成本中列支，并且不会偏离预期的利润率（利润率等于边际利润除以销售价格）。

通常，企业会以类似生产前成本核算的方式来计算生产成本，并以单位产品成本来计算生产成本或最终成本。理想情况下，除非只生产一件产品，否则生产成本应基于生产订单的总数量。整个订单中，每个生产要素的单位成本为该要素的总成本除以总订购数量，并将该数据正确录入生产成本表中的对应位置（如面料、辅料等）。每种材料的总成本包括超出额定的部分，也可能包括运费。材料价格谈判的依据通常是订单总量，而不是看每码价格的高低。因此，材料单位成本用每种材料的总成本除以所生产的产品数量更精确，这个数据就是记入生产成本表中的材料估算单价。

前面提到的维多利亚荷叶边上衣，估算的生产成本如表1-3所示。在成本表中输入最终的材料和人工成本，以及关税、清关费用和采购办事处/代理商的佣金（如果有的话），再加上企业期望的

表1-3 荷叶边标准袖克夫衬衫生产成本计算表

生产成本计算表					
日期：03/2021		公司：KRV 设计			
款式代码：1000	样衣代码：200	季度：春一		组别：维多利亚女装上衣	
尺码范围：XS ~ XL	样衣尺码：M	款式描述：前身荷叶边长袖纽扣衬衫			
面料：14mm 丝绸 CDC					
面料	生产用量	单价（$/yard）	成本（$）	总成本（$）	款式图
面料：丝绸 CDC	1.3	6.41	8.33		
里料：黏合衬	0.15	1.89	0.28		
				8.62	
辅料	生产用量	单价（$/yard/gr/pc）	成本（$）		
辅料 1：前中 18L 纽扣	8	0.01	0.08		
辅料 2：袖克夫 14L 纽扣	2	0.01	0.02		
				0.10	
物料	生产用量	单价（$/yard/gr/pc）	成本（$）		
物料 1：线	0.026	8.00	0.21		
物料 2：标签	1	0.48	0.48		
物料 3：吊牌	1	0.75	0.75		正面图
				1.44	
人工	国家	直接人工（$）	临时合同用工		
裁剪	中国	1.45			
缝制	中国	4.55			
后整理		0.40			
唛架 / 放码		0.75			
				7.15	
商品总成本				17.31	
代理佣金率（%）	5		0.87		
运费			0.55		
关税税率（%）	7		1.21		
清关费用率（%）	2.5		0.43		
本地运费			0.35		
LDP/DDP 价格				20.72	背面图
	A	B	C	D	
销售价格（$）	38.00	42.00	44.00	46.00	
净利润（$, 销售价格 - 成本）	17.28	21.28	23.28	25.28	
净利润率（%, 净利润 / 销售收入）	45.48	50.67	52.91	54.96	

利润，就是生产成本了，这个生产成本就是企业的批发价格。生产成本表中，通常包括三至四个销售方案，用于计算不同的利润率和销售价格，从而比较出更接近期望利润与售价的情况。

第2章将进一步讨论每一个成本项目，因此必须清楚生产成本核算的重要性以及与其他两个阶段服装成本计算方法的差异。生产成本核算是成本核算中最具战略意义的阶段。由于批发价格及建议零售价格（SRP）是在此阶段确定的，因此，生产成本核算的准确性是至关重要的。批发价是指批发商将产品卖给零售商再转售的成本，建议零售价格是制造商或批发商建议零售商销售产品的价格。建议零售价格也被称为制造商建议零售价（MSRP）、推荐零售价、目录价格。批发价格和建议零售价格都是基于每个公司预期赚取的利润。因疏忽而在成本表上遗漏一项成本，将会造成损失并降低利润。只有在下一个成本核算阶段，即生产后成本核算，才能确定准确的生产成本。

1.2.3 生产后成本核算

生产后成本核算是对生产成本计算过程中是否成功的评价和确认。生产后成本也称为实际成本，它揭示了一款服装生产、运输和销售后的实际生产成本。在这个成本计算阶段，要确定每件服装的制作和交付成本。此外，如果有任何折扣或退款都是允许的，或支付加急运费，这些数据将反映在生产后制作的成本表中。

计算完成后，将生产后成本表与生产成本表进行对比，以评估每种服装款式的成本是如何估算的。所获得的信息将用于未来的款式成本计算。只有在支付了所有费用并给予折扣后，才能计算出实际成本。然后根据生产成本逐项评估实际成本，以确定在材料、生产、运费和毛利方面需要改进的地方，以方便未来更好地开展采购、谈判、生产和成本计算。此外，还有一件重要的事，就是要根据生产后成本判断是否达到了预期利润率以及是否获得了可持续的利润。

生产后成本核算是在一个季度产品结束后进行的，此时正处于一个季度产品生产前成本计算和另一个季度产品生产成本计算阶段。因此，优秀的成本核算经理能够熟练地处理同一时间、不同国家一系列工厂生产的多种不同款式、不同交付条件的成本核算表。成本计算，就像时尚一样，是一门艺术！

1.3   成本核算术语和词汇

已知时尚款式成本核算时间节点后，在为这些产品采购材料或生产设施时，需要了解大家熟知的基本成本术语及相关的成本词汇，如图1-5所示。

在选择面料、纽扣、吊牌等时，供应商会报出按yard/gr/mil（码/笻/密耳）等单位的单价。在采购服装时，工厂将根据采购数量进行报价。对于国内商品，价格通常不包括运输费用，需要考虑将所有组件及成品的运费加入成本表中。

材料和人工一起被称为销售成本（COGS），也就是将要销售产品的生产成本。在寻找服装或配件工厂来缝制或编织产品时，需要了解一些关于成本计算的术语，这些术语通常以缩写形式表示。

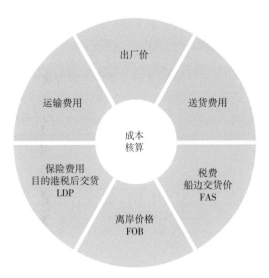

图1-5　成本核算术语中的成本因素

生产术语表示了工厂报价中所包含的特定服装生产服务和活动，术语会影响成本计算表，因此需要理解这些术语的内容。工厂可以采用以下几种方式报价，每种报价工厂的职责各不相同：

- 来料加工CM：这是一个服装生产术语，指服装/物品裁剪和缝制的成本。这是人工成本报价，不包括样板制作、材料、吊牌、包装、运输或税。工厂的责任只是生产货品。
- 来料加工CMT：这是一个服装生产术语，指服装/物品裁剪、缝制、剪线、吊牌、检查和包装的成本。此价格通常不包括制板和材料（但有时也包括），也不包括运费和税费。
- 来料加工CMTP：与CMT生产术语基本相同，但有些工厂CMTP报价为全包生产，容易与上面生产术语混淆。
- 来料加工FPP：这是一个服装生产术语，指服装/物品裁剪、缝制、剪线、吊牌、检查和包装的成本，同时还包括制板、取样和原材料采购。此价格不包括运费和税费。

如前所述，成本计算是一种精确的、以细节为导向的技能，涉及分析每一个成本项目。与服装有关的每一个决定，都会影响到服装的成本，而且所有的材料、款式和结构都会随之变化。因此，成本表处于不断调整的状态。此外，从面料、辅料、配件、缝制或后整理服务，供应商收到的每一份报价，可能是，也可能不是购买和接受该材料或服务的全部成本。所以，如果没有密切关注每一个项目，在成本表中，总有可能有额外的成本项目被遗漏。成本核算的每一个错误都可能会使公司损失惨重，即使是最畅销的款式，因此需要仔细分析。

1.4　总结

基础成本核算有助于服装设计和确定目标客户。它由公司内部的不同人员（所有者、采购员、成本经理等）实施，并且根据公司规模的不同，可以有多种选择：人工、使用Excel表或PLM系统。基础成本核算贯穿于开发、生产和交货/分销等各个阶段。

针对整个生产过程的成本核算，可降低服装生产所花费的时间和金钱。生产前成本核算是对成本的初步估算，是根据首件样衣估算得出的，包括面料、辅料、人工、运输、关税等费用。同时还必须考虑制造和销售的估计数量。这可以帮助确定产品是否应该安排生产或需要调整。有时，这些工作甚至是在开发样衣之前完成的。

随之而来的生产成本核算，仍然是一个基于已知生产款式的面料、辅料和人工的成本估计。生产成本要加上间接成本，如运输费用、关税和清关费用，同时要确定生产的数量和工厂所在的国家。公司采购的所有材料和服务都必须考虑在内，以免在利润中扣减。利润率=单位利润/销售价格。生产成本计算是成本计算中最具战略意义的阶段。

最后，生产后成本核算是对生产、运输和销售产品的实际成本评价，折扣、退款、加急运费等都需要列入成本，并与实际生产成本表进行比较。每个生产后成本项目都将应用于未来服装产品成本的核算与分析。

本章回顾与讨论

1. 如果要在求职网站上发布招聘成本经理的广告，你会在广告中包括哪些职责和技能？

2. 产品成本核算的三个阶段是什么？每个成本计算阶段有何不同？

3. 成本表上的项目为什么不断地变化？你认为什么因素可能会使表上项目的数据发生变化？

4. 请列出四种服装生产报价术语CM、CMT、CMTP和FPP的区别。

5. 为什么许多时尚专业人士会选择协商一件服装的CMT价格？

6. 为什么要尽早或经常在产品或服装款式开发时进行成本核算？

活动与练习

1. 为一个产品组合设计一款新的针织款式，将在美国生产。该款服装是未来一季的条纹长袖针织上衣、水手领、领口处有罗纹，并采用100%纯棉制成的全身水平色织条纹面料。此外，袖口和下摆用罗纹，并使用单针绷缝线迹将袖口和下摆罗纹连接到衣身上。在计划生产这款服装并将其成本计算出来之后，发现不能在这款服装上获得可观的利润，你可以采取哪些不同的措施或改变来降低成本，创造更好的利润？

2. 查找并研究一个高端时装设计师品牌的款式。可能是一条裤子、一件衬衫或一件夹克。一定要查看原产地（COO）、纤维含量、任何重要的结构细节、面料质量、缝线及使用的任何辅料和面料。然后假定你作为产品开发经理，要将这款服装用到大众化的市场品牌中，你会采取什么样的改变，融入这款服装特色，创造一款全新的、价格更低的服装？

关键词

实际成本　actual cost

来料加工　CM（cut and make）

来料加工　CMT（cut，make，trim，and pack）

销售成本　COGS（cost of goods）

原产地　COO（country of origin）

成本估算　cost estimating

决定成本　determined cost

最终成本　final cost

完整包装生产　FPP（full package production）

间接成本　indirect cost

价格清单　list price

生产后成本核算　post-production costing

厂商建议零售价格　MSRP（manufacturer's suggested retail price）

产品生命周期管理　PLM（product lifecycle management）

成本估算　pre-costing

生产前成本核算　pre-production costing

来料预测性成本核算　predictive costing

生产成本核算　production costing

利润率　profit margin

样衣成本核算　sample costing

建议零售价格　SRP（suggested retail price）

标准成本　standard cost

目标成本　target cost

目标顾客　target customer

技术包　technical package

批发价格　wholesale price

第2章 传统服装成本核算

2.1 传统服装成本核算概念

服装成本核算是由很多服装专业人员在整个产品开发过程中不同阶段完成的一项职能。这项工作不只是计算服装成本，还可以根据特定目标客户或价格需要对服装款式进行微调。许多时装公司，特别是规模较小、本地服装公司或初创时装公司，通常采用传统的成本核算方法，该方法使用了一套历史悠久的成本表。传统的成本核算包括基本的成本核算内容：材料成本、人工成本和利润，如图2-1所示。

计算直接成本的因素包括原材料、人工以及预期毛利。传统成本核算采用成本计算单，分步归集成本，如表2-1所示。该表显示了成本核算的第一步工作：输入服装款式图。

原材料包括面料、里料、辅料、物料以及特定服装所需要的其他有形材料。人工则包括制板、裁剪、缝制、吊牌、包装以及进行特定产品生产的其他直接人工。将这两项

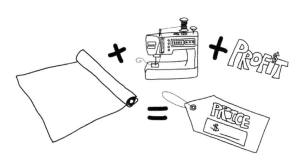

图2-1 成本核算内容：材料成本＋人工成本＋利润

因素相加，得到第一成本（也称直接成本，简称FC）。下面详细分析直接成本。

2.2 直接成本

FC也就是直接成本，很容易理解，它是面料、里料、辅料、物料、纸样及所需人工成本的总和。

原材料成本 + 劳动成本 = 直接成本

如果有头板样衣，直接成本就包括了全部原材料成本和制造该样衣所需的劳动成本。如果没有头板样衣，则可以通过查询过去类似的款式信息来估算直接成本，例如消耗多少面料、辅料以及劳动时间和费用率。采用过去的款式成本信息时，最好使用生产后成本表作为参考，因为这是最准确的。

表2-1　分步成本计算表（第1步：添加前、后款式图）

初始基本成本表					
日期：		公司：			
款式代码：	样衣代码：	季度：			组别：
尺码范围：	样衣尺码：	描述：			
面料：					
面料	估计用量	单价（$/yard）	估计成本（$）	估计总成本	款式图
面料1：					
面料2：					
运费：					
				$0.00	
辅料	估计用量	单价（$/yard/gr/pc）	估计成本（$）		
辅料1：					
辅料2：					
辅料3：					
运费：					
				$0.00	
物料	估计用量	单价（$/yard/gr/pc）	估计成本（$）		
物料1：					
物料2：					
运费：					
				$0.00	正面图
人工	直接人工（$）	临时合同用工（$）			
裁剪：					
缝制：					
后整理：					
唛架/放码：					
				$0.00	
商品直接成本估计				$0.00	
		目标毛利率（%）	100%–MU%	毛利（$）	
销售价格					
					背面图

下面逐项分析直接成本的成本要素。原材料包括面料和辅料，在直接成本中通常占有较大比例。

2.2.1 面料成本

在服装生产过程中，面料是成本表中最大的因素，大多数情况下，面料的成本高于生产服装的所需要的其他材料和人工成本。涉及产品生产的所有面料都必须放在成本表上，包括里料以及当作辅料用的面料。每种面料在成本表上都有其自己的项目栏，都要输入单位用量或消耗量，如表2-2所示，列出了一件产品所需要的面料用量，单位为yard/pc或m/pc（码/件或米/件）。每种面料的单位价格也要输入成本表。面料的单位成本即面料的售价，单位为$/yard或$/m（美元/码或美元/米）。每件服装各种面料成本=每件服装各种面料使用数量×面料单位成本。

表2-2 每件服装面料用量及成本计算表

面料	用量（yard/pc或m/pc）	单价（$/yard或$/m）	成本（$/pc）
面料1：100%棉，14盎司牛仔布	2或1.85	6.99或7.57	13.98
面料2：100%棉，平纹口袋布	0.125或0.13	1.40或1.52	0.18
每件面料总成本			14.16

在建立一件服装成本计算表时，如果需要使用多种面料，可按面料用量降序的方式列在表中。如果面料价格中不包括运费（通常不包括在内），则必须将运费加到面料总价中，如表2-3所示。

表2-3 每件服装面料用量及成本计算表（含运费）

面料	用量（yard/pc或m/pc）	单价（$/yard或$/m）	成本（$/pc）
面料1：100%棉，14盎司牛仔布	2或1.85	6.99或7.57	13.98
面料2：100%棉，平纹口袋布	0.125或0.13	1.40或1.52	0.18
每件面料总成本			14.16
运费（装运到工厂）	0.50		14.66

同时，每种面料要标注其属性：面布（指用于服装表面的面料或主要面料）和里布（指用于服装里面的面料）。其他面料也要列在计算表里，包括服装小部位用的面料或辅料，如用在衣领、袖克夫、里襟或腰带、口袋袋布、镶边面料、绲边或牵条，所有这些面料都要列在成本表内。当面布用作里料或辅料时（如用于覆盖纽扣或捆条），也称为原身面料。原身面料，指一种使用与服装面布或大身面料相同的辅料。

在确定面料成本时，必须考虑所有会影响服装面料消耗量的因素，以正确计算面料的消耗量。这些因素包括面料幅宽、排料/印花/方向、样衣尺码、尺码范围和损耗等。下面对每个因素进行解释。

（1）面料幅宽

面料幅宽是要考虑的一个关键因素，供应商都会提供不同幅宽的机织或针织面料，如图2-2所示。

标准面料幅宽为112～114cm（44～45in）或147～152cm（58～60in）。但是，现在的面料幅宽也出现了更多更窄或更宽的品种。包括89～91cm（35～36in）、97～99cm（38～39in）、132～137cm（52～54in）、183cm（72in）、213cm（84in）、244cm（96in）、274cm（108in），以及用于家纺产品的300～305cm（118～120in）。

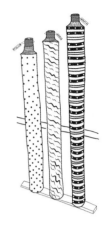

图2-2　不同幅宽面料

直接成本中的面料消耗量取决于生产一件服装所需的面料量，而面料用量会因为面料幅宽不同而不同，如表2-4所示。

表2-4　不同款式服装单件面料用量表

款式及尺码	面料幅宽（in）	用量（yard）	用量（m）
男士纽扣前开襟衬衫 胸围40in×领围15in	35～36	2	1.8288
	44～45	1.75	1.6002
	50～52	1.5	1.3716
	58～60	1.25	1.143
	70～72	1	0.9144
成人短袖T恤 M码	35～36	1.50	1.3716
	44～45	1.25	1.143
	50～52	1	0.9144
	58～60	0.75	0.68
	70～72	0.5	0.45

续表

款式及尺码	面料幅宽（in）	用量（yard）	用量（m）
男士牛仔裤 腰围32 in×内长32 in	35～36	2	1.8
	44～45	1.75	1.6
	50～52	1.5	1.37
	58～60	1.25	1.14
	70～72	1	0.9
女士背心 M码	35～36	1	0.9
	44～45	0.875	0.8
	50～52	0.75	0.7
	58～60	0.625	0.6
	70～72	0.5	0.45
女士荷叶边裙 8码	35～36	1	0.9
	44～45	0.875	0.8
	50～52	0.75	0.7
	58～60	0.625	0.6
	70～72	0.5	0.45
女士连衣裙 8码	35～36	2	1.8
	44～45	1.75	1.6
	50～52	1.5	1.37
	58～60	1.375	1.3
	70～72	1.25	1.15

注　（1）1in（英寸）=2.54cm，1yard（码）=0.9144m。

　　（2）特别提示：款式不同，面料用量不同。

（2）排料、印花和方向

使用的面料是否有印花或图案是影响面料用量的重要因素。通常，有印花和图案的服装，每件面料的用量也更高。面料印花有重复印花、单向印花、双向印花、镶边设计、条纹或格子，不同类型的印花也会影响面料的用量。如果设计或图案必须在前身中心、侧缝、镶边位置，口袋处要求对齐，则面料用量会更高。

要让镶边印花出现在下摆、袖子和口袋顶部位置，就要将镶边印花纸样放在对应的位置。可以想象，每种面料都是不同的，必须根据面料特征进行分析。一件服装所需的面料量，取决于面料和花型。需要有图案的面料越多，每件服装的面料成本就越高。

如图2-3所示，为两种单一尺码的纸样排料图。格纹印花布（在左侧）显示了并排放置的侧缝。这种排料可以使格子条纹在接缝处和沿前身中心线处完美对齐，从而保持高质量的条纹美感。镶边印花（在右侧）演示了沿着金银丝边印花技巧性排料。这种排料图可以将镶边印花设计到口袋边缘、袖口和衬衫的底部。

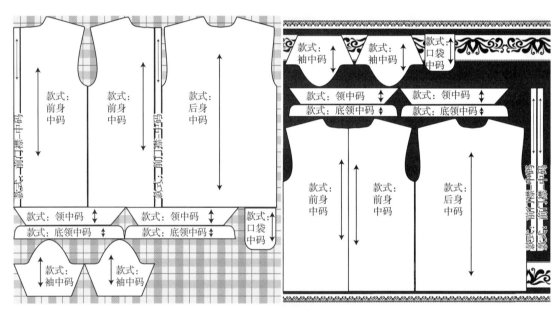

图2-3　纸样与印花方向（所设计的格子图案资源来自Freepik.com）

（3）样衣尺码

传统成本表上的面料消耗依据样衣生产的面料用量。样衣用于尺码板、款式复板、广告板或核准板。通常男装尺码板的胸围尺寸为102cm（40in），腰围尺寸为81cm（32in），而女装中码尺码板为8码或10码，大码尺码板为18码或20码，小码尺码板为5码或7码。少量少女装尺码板为7码或8码。每个产品系列使用相同的样衣，以确保大小和成本方面的一致性。

值得注意的是，目前美国女性的平均尺码为16码。随着全尺码服装的需求增加，越来越多的品牌将自己的尺码提高到22码。公司在开发产品组合时面临的一个问题是，尽可能用同样的设计，满足消费者从2码至22码的需要。在较大的尺码范围内，通过放码建立从小到大的各种尺码纸样是很难的。建议专为大号消费者进行定制设计。

（4）尺码范围

尺码范围会影响面料的消耗和成本。因此，决定计划生产的尺码范围，尤其是打算生产更大尺码范围的服装，有助于成本估算和确定目标价格。面料用量可以根据样衣用量计算，然而如果计划生产更多数量的大尺码服装时，最终结果将会受到很大影响。如果生产多个尺码的服装，则应根据每种尺码的平均估计数量，以尺码中值（通常不是样衣尺寸）来计划面料消耗。如果计划生产多个尺码的服装，可以考虑将其分为小码、常规码和加大码等类型，并单独提供尺码板和每种尺码的成本。这种做法有助于将来生产尺码板（合身板）。样衣通常是所有尺码的中间码。例如，该服装尺码的大小范围是2～14码，则样衣大小为8码。现在，美国女性的平均尺码为16码或18码。可以考虑将生产较大尺码服装的范围分为两个，如2～12码和14～22码，较小尺码范围样衣大小为8码，而较大尺码范围样衣为18码。

（5）尺码分配比例

确定尺码范围后，接下来将确定尺码分配比例。尺码分配比例是在生产过程中，不同尺码服装生产数量的比率。例如，设计人员决定生产小码、中码、大码和加大码服装，但希望生产更多的中码和大码服装，更少的小码和加大码服装。为了将此信息传递给生产企业，需要给出尺码比例分配表，如表2-5所示，从中可以看出，每裁剪、缝制1件小码和1件加大码服装，就要裁剪、缝制2件中码和2件大码服装。这个比例会影响面料的用量。例如，设计人员决定采用均等的尺码（即小码：中码：大码：加大码=2：2：2：2），面料的用量可能会更多或更少。当然，其他因素（如面料幅宽）和面料类型也必须考虑在内。

表2-5 尺码分配表

尺码	小码	中码	大码	加大码
比例	1	2	2	1

（6）损耗

面料损耗不可避免，成本核算时必须加以考虑。损耗是由于裁剪后的纸样之间留下的不规则面料，如图2-4所示中所有的灰色区域。还有不规则的布头布尾、裁剪或缝制错误、在运输或存储过程中造成的污渍、水渍或霉菌损坏等。通常由于上述原因导致的面料损耗在10%～15%。因此，必须订购至少10%的额外面料，并将其包含在成本表中，以预防以上各种可能损耗产生的对面料的额外需求。

在选择和购买用于设计和生产的面料时，需要考虑所有上述因素。在采购辅料、物料和配件时，也要考虑以上这些因素。

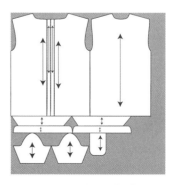

图2-4 不规则面料损耗

2.2.2 辅料成本

辅料、配件、物料、结构组件都要列入直接成本的材料中。辅料用于装饰服装，包括刺绣、贴布绣、丝带等，如图2-5所示。物料和配件是功能性的，包括拉链、钩眼扣、衣领支撑物、标签和按扣等。它们还可以为服装提供结构和形状，如肩垫、衬布和鱼骨等。纽扣是一类技术性的配件，由于它们具有功能，通常也被称为辅料。所有的辅料、配件、物料、结构部件、吊牌和塑料袋，都会影响服装成本。

图2-5 花边辅料

一件服装所选用的辅料和配件都是成本表上的独立项目。生产每件服装所需要的数量以及单价都要输入成本表，并将两项相乘，与面料成本一起计算生产成本。如果辅料成本是线性辅料（如丝带、齿牙花边或牵条），输入以长度计的销售计量单位，单价为\$/yard或\$/m（美元/码或美元/米）。如果辅料成本是零散物品（如纽扣、珠子或按扣），输入以片计的销售计量单位，单价为\$/gr或\$/mil（美元/笒或美元/密尔），1gr=144pc，1mil=1000pc。

每件服装每种辅料的成本=每件服装每种辅料和配件的数量 × 单价，如表2-6所示。

表2-6 辅料用量及成本计算表

辅料	用量（pc）	单价（\$/pc）	成本（\$/pc）
辅料 1：20mm 仿古银金属四合扣（有柄纽扣）	1	0.25	0.25
辅料 2：9mm 古董银金属铆钉	10	0.10	1.00
辅料 3：金属拉链	1	0.25	0.25
辅料总计			1.50
运费（辅料供应商到工厂）		0.25	1.75

注 物料表中填写了每个技术包的主要辅料。

如果需要增加一些服装配饰，特别是用纽扣做的服装配饰，那么就需要额外的纽扣。如果一件服装需要额外纽扣作为配饰，则必须将额外纽扣的用量添加到成本表中。

每件服装的缝制都需要线，但线没有列入辅料。线用来将裁片缝在一起，不过线迹也可用作装饰，如用双针或三针线迹装饰。线是一个成本因素，其成本因服装款式的复杂性以及每个接缝的缝合和完成形式而异。劳动强度越大，服装尺码越大或越复杂，消耗的线就越多。如表2-7所示，列出了一些最常见服装款式及其平均线消耗量，这些均基于高士公司网站（Coats 2014），该公司是一家最畅销的缝纫线制造公司。在线搜索"Coats threads"，可在高士公司网站上找到更多信息。

表2-7 常见服装款式缝线用量估算表

款式（成人尺码，除非另有说明）	线平均消耗（yd/m）	加10%损耗	线总用量（含损耗）
女罩衫	103yd/95m	10yd/10m	113yd/105m
胸衣	46yd/43m	5yd/4m	51yd/47m
连衣裙（女童）	92yd/85m	10yd/9m	102yd/94m
连衣裙（女士）	200yd/185m	20yd/19m	220yd/204m
牛仔裤（男士）	216yd/200m	22yd/20m	238yd/220m
背心	52yd/48m	5yd/4m	57yd/52m
衬衫（男童）	78yd/75m	8yd/8m	86yd/83m
衬衫（男士）	125yd/115m	13yd/12m	138yd/127m
西装（男士）	494yd/460m	49yd/46m	543yd/506m
T恤	103yd/95m	10yd/10m	113yd/105m

注 表中数据为各种款式的用线量大致预估。yd即yard（码）。

请注意，使用单针、双针、三针、锁边或覆盖线迹，不同针步类型，线的消耗差异很大。前述示例是每种服装平均线消耗量。与直缝下摆相比，添加装饰性明线或折边下摆会增加线的消耗；去除覆盖线迹余量将减少线的消耗。

就像面料一样，线的损耗是不可避免的，因此要考虑损耗因素。辅料和配件情况也是如此。有些情况下，损耗仅是由于丢失造成的，因为这些辅料如纽扣、珠子等尺寸很小。有些线性辅料（以米或码为单位购买的，如色织带或捆条）由于运输或存储的不规范，污垢、水渍、霉菌等的损坏，造成损耗。通常，辅料和物料的10%是损耗或不可用的，因此应在成本表中增加10%辅料宽余率。

当生产一件服装需要的面料和辅料数量确定后，就可以将所有面料和辅料用量、单价输入分步成本计算表，以计算原材料成本，如表2-8所示。接下来开始讨论人工成本，这是直接成本的第二个因素。

2.2.3 直接人工成本

服装生产划分为多种工序，需要不同类型的人工完成，如图2-6所示。所有直接人工活动都必须包括在成本表中。直接人工成本包括纸样、排料、裁剪、缝制、整烫、贴标签等工序的人工，如表2-9所示。另外，如果服装生产中需要手工，如手工穿珠，则也应包括在内。

通常，每个工序单独计算，以确定每个工序的成本。通过将执行特定步骤所需的时间（以分钟或小时为单位）乘以支付给工人的小时工资率或日工资率，可以计算出人工成本。下面分析每项人工活动成本的情况。

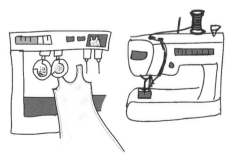

图2-6 服装生产不同工序

表2-8 分步成本计算表（第2步：在表格顶部添加款式信息以及材料价格和数量）

初始基本成本表					
日期：03/10/2021	公司：KRV 设计				
款式代码：1111	样衣代码：210	季度：春一			组别：男士牛仔裤
尺码范围：28 ~ 36	样衣尺码：32	款式描述：5 袋款宽松合身牛仔裤			
面料：14 盎司 100% 棉牛仔布，幅宽 60in					
面料	估计用量	单价（$/yard）	估计成本（$）	估计总成本	款式图
面料 1：14 盎司牛仔布	2	6.99	13.98		
面料 2：平纹布	0.125	1.40	0.18		
运费：原料加工厂到工厂	1	0.50	0.50		
				$14.66	
辅料	估计用量	单价（$/yard/gr/pc）	估计成本（$）		
辅料 1：20mm 仿古银金属四合扣	1	0.25	0.25		
辅料 2：9mm 仿古银金属铆钉	10	0.10	1.00		
辅料 3：金属拉链	1	0.25	0.25		
运费：供应商到工厂	1	0.25	0.25		
				$1.75	
物料	估计用量	单价（$/yard/gr/pc）	估计成本（$）		正面图
物料 1：线	1	1.00	1.00		
物料 2：后身标志	1	0.50	0.50		
运费：供应商到工厂	1	0.25	0.25		
				$1.75	
人工	直接人工（$）	临时合同用工（$）			
裁剪：					
缝制：					
后整理：					
唛架 / 放码：					
				$0.00	
商品直接成本估计					背面图
	目标毛利率（%）	100%-MU%	毛利（$）		
销售价格					

注 表格填写方法：首先，填写成本表的表头，包括所有重要的必要信息（例如日期和类别）。其次，列出生产服装所需的每种面料数量和价格，将码数乘以给定的每码价格，加起来就可以得到总面料成本。最后，对所有辅料和物料进行与上述相同的操作步骤。

表2-9 分步成本计算表（第3步：汇总面料、辅料、物料成本，添加人工成本）

初始基本成本表					
日期：03/10/2021	公司：KRV 设计				
款式代码：1111	样衣代码：210	季度：春一			组别：男士牛仔裤
尺码范围：28 ~ 36	样衣尺码：32	款式描述：5 袋款宽松合身牛仔裤			
面料：14 盎司 100% 棉牛仔布，幅宽 60in					
面料	估计用量	单价（$/yard）	估计成本（$）	估计总成本	款式图
面料 1：14 盎司牛仔布	2	6.99	13.98		
面料 2：平纹布	0.125	1.40	0.18		
运费：原料加工厂到工厂	1	0.50	0.50		
				$14.66	
辅料	估计用量	单价（$/yard/gr/pc）	估计成本（$）		
辅料 1：20mm 仿古银金属四合扣	1	0.25	0.25		
辅料 2：9mm 仿古银金属铆钉	10	0.10	1.00		
辅料 3：金属拉链	1	0.25	0.25		
运费：供应商到工厂	1	0.25	0.25		
				$1.75	正面图
物料	估计用量	单价（$/yard/gr/pc）	估计成本（$）		
物料 1：线	1	1.00	1.00		
物料 2：后身标志	1	0.50	0.50		
运费：供应商到工厂	1	0.25	0.25		
				$1.75	
人工	直接人工（$）	临时合同用工（$）			
裁剪：中国	1.45				
缝制：中国	4.55				
后整理：中国	0.75				
唛架 / 放码：中国	0.75				
				$7.50	
商品直接成本估计					
		目标毛利率（%）	100%–*MU*%	毛利（$）	
销售价格					
					背面图

注 本表汇总面料、辅料、物料成本，添加所选择的海外加工厂人工成本，包括裁剪、缝制、后整理、放码等。

（1）纸样制作

纸样制作就是创建原型板，制作一个基本纸样。基本纸样经裁剪和缝制后，就会成为三维表面，如图2–7所示。可以通过以下方法来绘制纸样：使用尺子在纸上绘图、将面料覆盖在服装人台上立裁、将尺寸输入计算机纸样制作软件中制作，如图2–8所示。纸样制作者也被称为服装工程师，纸样制作会极大地影响服装成本。纸样制作商提供一份初始纸样可收取300美元以上的费用，不包括更正。纸样制作、试板、调整、生产纸样等都要纳入成本核算过程中。数字化纸样可以减少纸样制作者创建纸样所需的时间，但是数字化纸样制作设备（绘图仪）价格昂贵，并且需要大量的知识和经验。

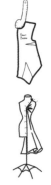

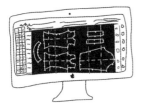

图2–7 基本纸样制作

图2–8 在人台上立裁

（2）放码

确定了生产纸样后，可以开始放码和绘制唛架。对服装进行放码，首先要确定纸样每个部位的增量或减量，以此创建其他尺码的纸样。例如，中码样衣在胸围增加25mm（约1in），可创建大码纸样；而减小25mm（约1in），可创建小码纸样。放码时，必须考虑每个测量点。放码可以手动完成，但要精确高效地进行，最好使用绘图仪。专业放码要求提供最终的生产纸样和附有放码规则的规格表以及用以制作生产唛架的尺码明细表，如图2–9所示。在美国，每件服装放码和制作唛架的费用为15 ~ 20美元。与海外工厂合作时，此费用通常包含在工厂报价中。

WOMEN'S GRADING – MISSY – KRV+Co.

Mmt:	2	4	6	8	10	12	14	16
Bust	−1	−1	−1	36	+1½	+1½	+1½	+1½
Waist	−1	−1	−1	28	+1½	+1½	+1½	+1½
Hi-Hip	−1	−1	−1	35	+1½	+1½	+1½	+1½
Lo-Hip	−1	−1	−1	38	+1½	+1½	+1½	+1½
Armhole	−½	−½	−½	16	+¾	+¾	+¾	+¾
CrossBack	−¼	−¼	−¼	14	+⅜	+⅜	+⅜	+⅜
Thigh	−¾	−¾	−¾	22½	+1	+1	+1	+1

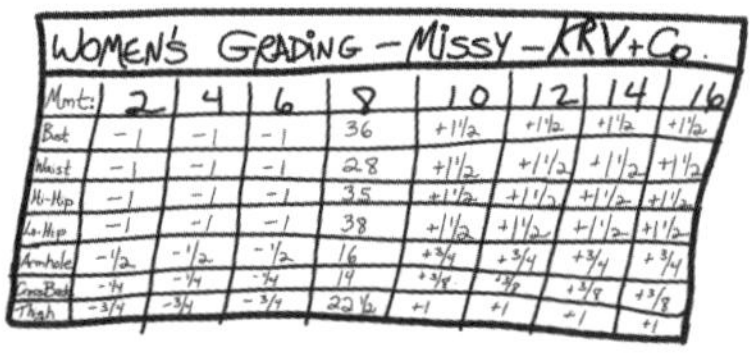

图2–9 放码表

（3）唛架制作

完成纸样制作和面料准备后，开始唛架制作。依据面料的幅宽和计划生产的尺码范围，利用纸样库创建类似拼图的图纸，即唛架。好的唛架能将面料损耗降到最低，从而降低面料用量。如果纸样已数字化并创建了放码，则可以使用唛架制作软件，轻松打印不同宽度和不同尺码的唛架。如前文提到的尺码分配比例，一个唛架可以只有一个尺码，也可以制作一个含有加大码、大码、中码、小码的唛架，或许会更省面料，如图2–10所示。这个数字化唛架采用了XS、S、M、L四种尺码裤子混排，由高级制板公司（Top Notch Pattern Inc.）提供。

（4）裁剪

裁剪是按服装需要的所有纸样，将面料裁剪成为服装裁片的过程。面料首先铺在裁床上，它可以在裁床上铺一层，称为单层，当一次只生产一件服装时就这样铺设。大多数情况下，面料是多层铺设的，称为多层，可以同时裁剪多层。面料可以用面料剪刀手动裁剪，也可以用半自动手持切割机械裁剪，还可以用全自动数字化切割系统进行数字化自动裁剪。

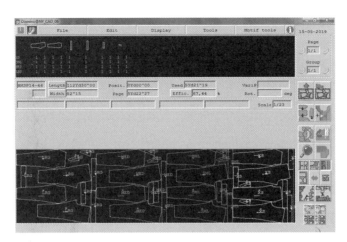

图2-10　裤子数字唛架，XS、S、M、L混排（由高级制板公司提供）

在与力克市场营销副总裁丹尼埃拉·安布罗吉的电子邮件对话中，丹尼埃拉写道：根据每种面料的重量，力克的数字裁剪系统可以裁剪多达100层面料（100-ply），如裁剪内衣面料。自动化数字裁切机可一次裁切多达9cm的面料，从而一次精确、高速裁剪多个纸样裁片。力克的4.0裁床系统每分钟可裁剪130m左右的单层面料，同时检测并消除面料瑕疵，甚至可以优化裁各种面料图案的最佳方法，节省了对条格的唛架制作时间。因此，对于设计师或品牌而言，采用全自动数字切割的工厂是三者中最具成本和时间优势的选择。同样，自动裁剪可减少面料损耗。

通常，裁剪成本的计算方法为将裁剪时间乘以裁剪工的小时工资率，然后除以一次裁剪件数乘以面料层数。因此，裁剪方法（手动或数字）、一次裁剪的层数、纸样的数量、颜色组合的数量以及裁片是否需要捆扎（绑在一起）和贴标签，都可以影响裁剪成本。

（5）缝制

缝制是一项服装生产活动，至少在目前，在很大程度上仍然需要人用手工进行一些缝制或对机器进行编程和操作。生产线需要用一个人或一组人缝制部件并组装为服装。放码、制作唛架、拉布和裁剪可以自动操作，但缝制仍处在自动化创新阶段，每个工厂仍然需要大量的缝制工人，他们的工作量很大。

通过确定缝制每个工序所需的时间来计算工厂的缝制成本。由于整件服装通常不是由一个人缝制的，因此，通过确定完成一件服装所需的所有缝制步骤（或操作）所花费的时间来确定缝制工作量。对所有缝制工序进行计时，并将它们相加在一起，以获得总的缝制时间和成本。每个独立工序通过测时，确定该工序的标准时间（SAMs，用分钟表示）。在一家海外工厂中，缝制一条侧缝或双针车缝下摆需要大约0.5SAMs。这意味着完成这个工序需要30秒。缝制领子贴边需要1.0SAMs。对缝制工人多次缝制相同工序的时间进行测定，以确定工序的SAMs，然后在每个工序时间中增加20%的时间以补偿单台机器或个人的余裕量，增加10%的时间用于将完工的裁片移到下一工序。因此，将总计30%的时间增加到总时间，计算一件服装的SAMs。

在一家大型中国工厂中，对一件基本T恤测时，平均每件需要4.25分钟缝制。再将30%的时间加入总时间，得到SAMs。然后计算出完成一件基本T恤的缝制时间为5.5SAMs（5.5分钟）。将5.5乘以缝制工人的平均工资（按分钟计），即得到人工成本。在中国，一般服装工人的月收入为270美元/月（Lu 2018），相当于每天12.85美元。当一件T恤缝制花5.5SAMs时，意味着中国缝制工人加工每件T恤的价格定为0.15美元（Lu 2018）。人工在许多服装生产线上并不是很大的成本因素。在线搜索"Sheng Lu fashion，FASH455"。

当然，对于复杂款式、劳动强度更大的需要更多的缝制时间，SAMs和相关的人工成本也更高。在扣眼、门襟、细褶裥、省道和细节的缝制等要求的时间越多，单件服装的人工成本就会越高。

SAMs的差异很大，取决于面料/配件/辅料的类型、每英寸针步密度、工厂生产线布局以及工厂或地方文化。在线搜索"Online Clothing Study，Basic Garment Products，Sarkar"。

一些常见的服装款式以及每种款式的平均SAMs（Sarkar 2011，Talekar 2014，Apparel Costing 2017），如表2-10所示。

表2-10　常见的服装款式平均SAMs

款式（成人中码，除非另有说明）	平均SAMs
女罩衫	18.0
胸衣	18.0
牛仔裤	13.0
衬衫（男士礼服衬衫）	21.5
衬衫（男士polo衫）	13.75
西装外套（男士）	101.0
西装裤（男士）	35.0
T恤	5.5

（6）装饰绣花工艺

每个缝制步骤都需要时间，都要列入人工成本，装饰绣花工艺也一样。该工艺用来装饰服装，包括在T恤前身丝网印花、在衣领上嵌珠子、在育克上加水钻或缝制翻领等。与缝制一样，增加设计细节所花的时间也要计时，并乘以计件工人的日工资率。这类工艺很昂贵，因为除了增加装饰绣花费用之外，经常要将这些服装全部剪裁并捆扎在一起，运送到工厂的另一个区域，或换个地方进行加工，然后将完成装饰绣花工艺的服装返回到缝制装配区域继续加工。因此，在人工成本中，通常还要包括相应的物流成本。

（7）后整理：整烫、检查、标签、吊牌、包装

后整理是直接成本中的最后一个因素。这是装运前的最后一步，在服装完成了缝制或编织后进行。完全缝制好的服装将移至整理区域，以进行检查、吊牌、装袋、装箱等工作。较大的工厂会为

整烫、检查、包装设置不同的工作区。无论工厂大小如何，一旦缝制完成，就要对服装进行蒸汽熨烫或压烫，然后检查是否有错误或不规范之处，以及是否有没清理的线头。接下来，每件服装都有其合适的吊牌、价格牌、附带的缝线或纽扣。将服装折叠并放入塑料袋中装箱，或者将它们放在衣架上并装袋或装箱。这些活动归为一个成本项目，通常称为"后整理"，并计入制造成本，很少有成本明细项目。这些成本通常较低，为人工成本的15%～20%。

一旦计算完所有人工成本，即可将它们输入成本表，如表2-11所示。汇总上述因素（面料、辅料、纸样、放码、排唛架、缝制、装饰绣花和后整理），得到直接成本。

接下来，将毛利计入成本计算表，得到批发价或基本成本表中的销售价格。

表2-11 分步成本计算表（第4步：汇总直接成本）

初始基本成本表					
日期：03/10/2021	公司：KRV 设计				
款式代码：1111	样衣代码：210	季度：春一		组别：男士牛仔裤	
尺码范围：28～36	样衣尺码：32	款式描述：5 袋款宽松合身牛仔裤			
面料：14 盎司 100% 棉牛仔布，幅宽 60in					
面料	估计用量	单价（$/yard）	估计成本（$）	估计总成本	款式图
面料 1：14 盎司牛仔布	2	6.99	13.98		
面料 2：平纹布	0.125	1.40	0.18		
运费：原料加工厂到工厂	1	0.50	0.50		
				$14.66	
辅料	估计用量	单价（$/yard/gr/pc）	估计成本（$）		
辅料 1：20mm 仿古银金属四合扣	1	0.25	0.25		
辅料 2：9mm 仿古银金属铆钉	10	0.10	1.00		
辅料 3：金属拉链	1	0.25	0.25		
运费：供应商到工厂	1	0.25	0.25		
				$1.75	
物料	估计用量	单价（$/yard/gr/pc）	估计成本（$）		
物料 1：线	1	1.00	1.00		
物料 2：后身标志	1	0.50	0.50		
运费：供应商到工厂	1	0.25	0.25		
				$1.75	正面图
人工	直接人工（$）	临时合同用工（$）			
裁剪：中国	1.45				
缝制：中国	4.55				
后整理：中国	0.75				
唛架 / 放码：中国	0.75				
				$7.50	

续表

初始基本成本表				
商品直接成本估计				$25.66
	目标毛利率（%）	100%–MU%	毛利（$）	
销售价格				

背面图

注　本表计算直接成本，计算公式：面料成本＋辅料成本＋物料成本＋人工成本＝直接成本。上表为传统成本表，采用本国数据填写。

2.3　毛利和毛利率

毛利，又称成本加成，是超出直接成本的金额，即：毛利＝销售价格–成本，涵盖了所有间接费用、销售费用以及预期的利润。毛利与销售价格的比率称为销售毛利率，简称为毛利率（毛利与成本的比率称为成本毛利率，参见第7章）。

服装行业定价的传统做法是，品牌批发商将直接成本翻倍，以确定其批发价。同样，零售商将批发价格加倍从而确定零售价格。

直接成本 ×2= 批发价格	批发价格 ×2= 零售价格
10.00×2=20.00（美元）	20.00×2=40.00（美元）

这种"加倍"的做法就是人们熟知的双倍定价法（keystone）。使用双倍定价，商品将以两倍于生产或购买成本的价格出售，也就是通常所说的50%的毛利率（成本的两倍）。翻倍的金额涵盖了所有成本以及所有间接费用和利润。现在仍有一些公司坚持使用这种简单的计算公式，但大多数公司仅将其作为快速定价的指南，取而代之的是，大多数公司使用35%～70%的毛利率。具体数值将根据生产的数量、订购的数量、时尚程度、风险水平或感知价值而变化。

计算毛利后，生产企业将毛利添加到直接成本中得出批发价。零售商在批发成本中添加毛利，得出零售价。在计算毛利时，将直接成本（C）和毛利率（MU）代入以下公式，可计算价格：

$$[C \div (100 - MU)] \times 100 = 价格$$

如果采用双倍加成，产品成本为10.00美元，毛利率为50%，价格计算如下：

$$[10.00 \div (100-50)] \times 100 = 价格$$
$$(10.00 \div 50) \times 100 = 价格$$
$$0.2 \times 100 = 20.00（美元）$$

50%是毛利率，10.00美元（即价格－成本）是毛利。

从技术上讲，当使用双倍加成定价时，成本毛利率是100%。由于10.00美元毛利是20.00美元批发价或零售价的50%，即销售毛利率为50%。因此，在时装行业，双倍定价与50%毛利率定价是一样的。

尽管毛利率的幅度从30%~70%不等，但大多数情况下范围会变窄，一些公司的毛利率幅度在46%~60%。还是以上10美元成本的商品，46%的毛利率，价格计算如下：

$$[10.00 \div (100-46)] \times 100 = 销售价格$$
$$(10.00 \div 54) \times 100 = 销售价格$$
$$0.185 \times 100 = 18.50（美元）$$

不难看出，销售价格中，有8.50美元是毛利。

在10.00美元的商品上，毛利率为60%的计算方法如下：

$$[10.00 \div (100-60)] \times 100 = 销售价格$$
$$(10.00 \div 40) \times 100 = 销售价格$$
$$0.25 \times 100 = 25.00（美元）$$

毛利的计算方法不止一种。另一种毛利的计算方法，用较少的步骤进行计算，并且也被广泛使用。要确定10.00美元的商品，毛利率为60%，可以将成本价除以100%与毛利率的差（将小数点向左移两位，将该百分比转换为小数）。请看以下例子：

$$10.00 \div (100\%-60\%) = 销售价格$$
$$10.00 \div 40\% = 销售价格$$
$$10.00 \div 0.40 = 25.00（美元）$$

不难看出，销售价格中，有15.00美元是毛利。可以通过以下公式检验毛利的计算是否正确：

$$销售价格 － 成本 = 毛利$$

为了核对前面的工作，确保毛利率计算正确，可以从销售价格和成本反向验证。

$$（销售价格 - 成本）÷（销售价格）= 毛利率（MU）$$
$$（25.00 - 10.00）÷25.00=MU$$
$$15.00÷25.00=0.6$$
$$60\%=MU$$

　　有时，可能希望以某个特定的价格出售某个商品，也就是确定了目标价格。根据这个信息，可以计算出目标成本。方法为从预期的销售价格和毛利目标反向计算。例如，以25美元的价格出售一件商品，如前所述。不知道目标成本，但预期毛利率为60%。

$$目标成本 = 销售价格 ×（100\%- 目标毛利率）$$
$$目标成本 =25.00×（100\%-60\%）$$
$$目标成本 =25.00×40\%$$
$$目标成本 =10.00（美元）$$

　　除了以上这些捷径之外，如果知道目标成本和预期售价，用以下方法也可以计算出毛利率。

$$毛利率 =（销售价格 - 成本）÷ 销售价格$$
$$毛利率 =（25.00-10.00）÷25.00$$
$$毛利率 =60\%$$

现在价格弄清楚了！请回答以下问题：

1. 产品生产成本为25美元。目标毛利率为55%。售价是多少？

2. 正在与一家工厂生产有口袋的T恤基本款，总面料成本为5.00美元，总辅料成本为0.75美元，总人工成本为1.50美元。目标毛利率是65%。T恤售价是多少？

3. 有一条裤子，打算卖45美元。需要算出目标成本。另外，如以70%的目标毛利率出售裤子，裤子的目标成本是多少？

4. 运动衫的成本价是9美元。如以27美元出售运动衫，该产品的目标毛利率是多少？

5. 计划和制造商一起生产一款服装。面料总成本为12.00美元，总辅料成本为2.55美元，总人工成本为6.25美元。目标毛利率是50%。服装产品售价是多少？

　　服装产品进入批发后，零售商就需要采用双倍成本定价。然而，在大多数情况下，双倍加成定价不足以涵盖所有费用、间接成本、可持续利润以及可能在商品销售中应用的优惠券或折扣。因此，零售商通常会将批发价的毛利率定为55% ~65%，以涵盖上述所有因素。

　　如果不打算批发销售，而是直接销售给消费者，可以将毛利提高一些。直接面向消费者的毛利率通常在65% ~75%，因为没有中间商，设计师可以获得稍高的毛利，以支付运输单个产品的时间与费用，此费用可依据零售商一次销售的数量而定，如表2-12所示。在第6章中将会提供更多的成本信息。

表2-12 分步成本计算表（第5步：将毛利应用于直接成本以计算销售价格）

初始基本成本表					
日期：03/10/2021	公司：KRV 设计				
款式代码：1111	样衣代码：210		季度：春一		组别：男士牛仔裤
尺码范围：28 ～ 36	样衣尺码：32		款式描述：5 袋款宽松合身牛仔裤		
面料：14 盎司 100% 棉牛仔布，幅宽 60in					
面料	估计用量	单价（$/yard）	估计成本（$）	估计总成本	款式图
面料 1：14 盎司牛仔布	2	6.99	13.98		
面料 2：平纹布	0.125	1.40	0.18		
运费：原料加工厂到工厂	1	0.50	0.50		
				$14.66	
辅料	估计用量	单价（$/yard/gr/pc）	估计成本（$）		
辅料 1：20mm 仿古银金属柄四合扣	1	0.25	0.25		正面图
辅料 2：9mm 仿古银金属铆钉	10	0.10	1.00		
辅料 3：金属拉链	1	0.25	0.25		
运费：供应商到工厂	1	0.25	0.25		
				$1.75	
物料	估计用量	单价（$/yard/gr/pc）	估计成本（$）		
物料 1：线	1	1.00	1.00		
物料 2：后身标志	1	0.50	0.50		
运费：供应商到工厂	1	0.25	0.25		
				$1.75	
人工	直接人工（$）	临时合同用工（$）			
裁剪：中国	1.45				
缝制：中国	4.55				
后整理：中国	0.75				
唛架 / 放码：中国	0.75				
				$7.50	
商品直接成本估计				$25.66	背面图
	目标毛利率（%）	100%–MU%	成本加成金额（$）		
	65	35	47.65		
销售价格			73.30		

注 本表计算直接成本，计算公式：面料成本 + 辅料成本 + 物料成本 + 人工成本 = 直接成本。上表为传统成本表，采用本国数据填写。

毛利需要用来支付什么？

无论企业使用双倍加成还是其他毛利率，所有运营费用以及预期利润都需要从毛利中得到支付。

毛利必须涵盖的费用包括工资、租金、保险、税收、水电、办公用品、营销费用、销售佣金、摄影、邮资、网络费用、会计费用以及任何贸易展或其他销售与促销成本。这不是一份完整的费用清单，但所有费用都必须从毛利中支付。

在过去，传统的成本核算工作做得很好，是因为容易监督和收集所有费用。供应链不像现在这样复杂，而且通常是基于本地的。销售周期更长，产品以全价销售的机会更高。直接成本（就本地人工成本和材料成本而言）更高，所以将直接成本（或商品成本）翻一番是完全合理的，因为有巨大的毛利来支付一长串费用，而且还有大量剩余作为收益。由于成本计算过程简单，传统成本相当容易计算，而且是有益的。传统的成本计算可以对单位成本进行简单的比较。如今，它仍然被使用，主要是通过估算生产前成本，得出一个粗略价格，作为快速检验的依据。这种做法在许多成立不久的公司中使用，这些公司在当地或国内生产，并且在设计和生产过程中大多数都使用全手工操作。然而，这种方式的成本核算已经发生了很大的变化，简单的双倍加成不再适用。究其原因，大多数产品如今都在海外生产。全球生产涉及多方，形成了一个复杂的供应链，对本国企业并不完全透明。这种新模式增加了供应链，从而增加了很多成本：有些很容易跟踪，有些很难识别，需要在理解的基础上列入成本表中的相应项目并加以计算。尽管海外生产能够获得较低商品成本，但它确实使成本计算过程变得更加复杂和费力。

2.4   总结

传统成本计算包括以下基本内容：材料成本、人工成本、利润。第一成本也就是直接成本，由材料、人工构成。原材料，包括面料、里料、辅料、物料等。人工成本，包括纸样制作、裁剪、缝制、吊牌、包装和任何其他直接人工成本。只有在样衣完成的情况下，直接成本计算才能完成。如果没有样衣，可参考类似过去款的产后成本计算表。面料通常是最大的成本。每种面料必须在成本表上单独列出，并输入面料用量或消耗量，即每件产品所需的面料用量。面料单位成本用消耗量乘以单价确定。所有面料信息必须列在材料清单上，这是技术包中的一个页面。

传统成本表上使用样衣尺码来确定面料的消耗量。样衣尺码也用于合身板、复板、销售板和核准板。每件服装都将使用相同的样衣尺码，样衣尺码通常选用尺码范围的中间码。尺码范围会很大程度上影响面料的消耗和成本。如果是生产大量的大尺码产品，这一点尤为突出。将各种尺码重新归为小尺码、常规码和大尺码，有助于更准确地进行成本计算。

直接人工成本，包括纸样、唛架、裁剪、缝制、整烫、贴标签等工序的人工成本。人工成本清单用于记录所有直接的劳动活动，其计算方法是将完成任务所需的时间（以分钟或小时为单位）乘以工人小时工资率或日工资率。制板师，也称为服装工程师，其工作是开发原型板，在试穿后进行调整，并制作最终的生产样板。放码是对生产纸样的放大或缩小，制作不同尺码的纸样。放码员接受制板师的指导，制板师为其提供带有尺寸和放码规则的放码表。纸样和面料确定后，就制作唛架。唛架可以极大地影响面料的用量，从而影响面料的成本。

当面料铺在裁床上后，将纸样放在面料上，做好裁剪标记，就可以裁剪了。单件服装的裁剪成本是通过裁剪时间乘以裁剪工人的小时工资率，然后除以一次裁剪款式的数量来计算。

工厂缝制成本是通过确定缝制每道工序的时间来计算的。大多数情况下，整件服装不是由一个人缝制的，因此所有工序都要分项计时，然后加在一起。标准工时SAMs确定后，乘以缝制工人的平均工资率，得到缝制成本。服装越复杂，完成的时间就越长。裁片缝制、剪线和装饰工序，如丝网印刷、穿珠等，可能在工厂的不同区域或其他工厂进行。在这个过程中，人工成本和经常发生的物流成本必须计入成本表。后整理、熨烫、检查、贴标签、吊牌和包装是计算直接成本的最后因素。这些工序很少有成本明细项目，多数情况下其占人工成本的15%～20%。

毛利是增加到直接成本的金额，用来支付间接费用和销售费用以及预期的利润。毛利加入直接成本后，结果是销售价格。批发商通常会将直接成本提高一倍，得到批发价，也称为双倍定价。毛利率幅度通常在30%～70%。产品进入批发销售后，零售商需要再次增加毛利，用来支付零售商的费用、间接成本和利润。

本章回顾与讨论

1. 为什么会认为直接成本中占比最高的是面料？

2. 为什么服装设计师和制造商采用不同的毛利率？为什么他们可能会在不同的时间应用不同的毛利率？为什么要为特定的零售商调整毛利率？

3. 有哪些不同因素会影响系列产品的样衣尺码范围、尺码分配比例和样衣尺码？如果你有一个女装品牌，希望拓展到全尺码服装市场，你会采取哪些措施开展产前准备，并确定这个新的全尺码业务的尺码范围？

活动与练习

1. 找一种羊毛粗花呢面料，12.00美元/yard或m，用来生产一款粗花呢的裙子，每件用量1.5yard/m。用一条成本为1.50美元/件的侧缝拉链，在其上方腰线搭扣处用一个24L的纽扣。选择的纽扣价值43美元/gr。这条裙子没有衬里，当地一家工厂给你的CMT价格是每条10.50美元，产量为300件。还需要什么其他费用来计算直接成本？计算这些成本项目的批发价格，并确定这款产品的直接成本。如果使用双倍成本定价公式计算毛利，销售价格会是多少？如果毛利率为55%或64%，销售价格是多少？

2. 一款新的纽扣衬衫作为一种时尚单品引入当前系列。由于该款服装销售很好，计划将其延续到下一个销售季，并采用当季的新面料。这对成本计算有什么影响？此外，如要增加这款服装的毛利，可以采用哪些方法，在取得较好的毛利基础上获得市场增长？

3. 比较两个不同品牌的两件服装商品，一件来自高级时尚、奢侈的设计师品牌，另一件来自大众市场，价格低得多。请列出这两种产品在价格和质量上的主要差异。考虑以下因素：结构细节、面料、辅料、缝制、人工成本等。

关键词

直接成本　direct cost	毛利　markup
直接面向消费者　direct-to-consumer	毛利率　markup percent
面料消耗量　fabric consumption	测量点　point of measure
面料用量　fabric yield	标准时间　SAMs（standard allowed minutes）
直接成本　FC（first cost）	原身面料　self-fabric
双倍成本定价　keystone	原型板　sloper

P38 上问题的计算答案如下：

1. 25.00/0.45=55.55（美元），销售价格

2.（5.00+0.75+1.50）/（100%−65%）=20.71（美元），销售价格

3. 45×（100%−70%）=13.50（美元），目标成本

4.（27.00−9.00）/27.00=67%，目标毛利率

5.（12.00+2.55+6.25）/（100%−50%）=41.60（美元），销售价格

第3章 全球生产采购与成本核算

3.1 服装全球化生产概况

如今，在美国销售的服装中，超过90%的服装是在全球其他地方生产的。天然纤维的种植、纺织品以及各种辅料和物料的生产遍及世界各地，这些产品被运送到世界各地的服装厂加工，如图3-1所示。服装加工厂大部分位于中亚和南亚，主要分布在中国、印度和孟加拉国。世界上的195个国家都能生产服装（Birnbaum，2008年）。

许多品牌在三四十年前就开始将生产转移到这195个国家中的一些国家，尤其在最近20年，转移速度更快，大部分产品都已经转移到海外生产了，因为这些地方的人工和材料成本都非常低。

图3-1 服装全球化生产

具体而言，海外劳动力成本仅是美国同等劳动力成本的一小部分，如表3-1所示。在美国，缝制工人平均日薪为95.00美元，海外的服装劳动力价格通常仅为每小时1.50美元（Lu 2018）。在线搜索"Sheng Lu fashion，FASH455"，获取更多详细的信息。

表3-1 不同国家的日薪比较

2017年服装工人的日薪，每周工作5.5天	
国家	平均日薪（$）
孟加拉国	8.56
中国	11.73
萨尔瓦多	17.96
印度	11.08
印度尼西亚	10.04
墨西哥	9.00
巴基斯坦	13.91
菲律宾	16.17
斯里兰卡	8.43
越南	10.78

资料来源：盛路时尚（Sheng Lu Fashion）2018。

在成本方面，将生产转移到海外，可以使品牌公司获得更低的定价。由于延长了运输时间，品牌公司不得不提早下订单，并且订购更多数量的产品。不过，为了获得更低的人工成本，延长交货时间和增加订购批量是值得的。这种模式最初令人兴奋，但经常导致时装公司合同订购数量超出其所需数量。随着越来越多的公司将生产转移到海外，服装产量大幅度提升，同时也造成了大量的滞销库存。服装销售通常是季节性的，促销是一种常规性的活动。许多零售商店随时都能看到较大的清仓区，在那里的货架上堆满了大量折价、过剩和进口的服装。

这种向海外生产转移的现象正在慢慢发生逆转。一方面，服装工人的工资上涨（尤其是在中国）；另一方面，偏好"美国制造"产品的消费者数量越来越多。这些因素使海外服装产量从2015年的95%下降到2018年的92%，显然，目前大量服装还是需要在海外生产。

服装不在附近城镇或州生产，成本核算会增加许多成本因素。下面讨论现在全球生产方式如何影响成本核算。

3.2　全球生产对成本核算的影响

无论在何处生产，传统服装成本计算中涉及的传统成本要素（面料、辅料、人工、运输和毛利）都是关键要素。但是，在进行国际生产时，还需要考虑其他成本，其中包括直接采购（公司工作人员到海外亲自拜访工厂和供应商的成本）、买办或采购代理、海空运输、保险、港口安全、包装板条箱、关税、通关等活动产生的费用，以及报关员费用、卸货费用、额外的运输费用和仓库存储费用。这些费用由运输方式决定，总计接近直接成本，甚至更多。了解这些费用，对讨论如何向国际供应商和工厂报价是很重要的。

3.3　国际成本核算术语

原材料或货物的原产地，会影响到报价中是否包含运送到工厂或本国的费用。对于国际商品，有多种报价方式。供应商报价既可能只包括生产成本，也可能包括商品交付全程或半程费用。在成本报价中，可加上标准的缩写词，以解释将货物运到工厂是否有额外的费用。如果有，则需要在成本表中列入运费和税金。这些缩写词被称为"贸易术语"或"价格术语"，具有通用性，用于确定生产进口货品和出口货品的定价。这些通用规则定义了买卖双方根据合同交付货物的责任。它们由国际商会（ICC）发布。在线搜索"Export, Know Your Incoterms"，了解国际贸易术语解释通则，其中提供了有价值的概述和详细信息，可以找到有关国际贸易术语通则的更多信息。

如果从海外采购和选择面料、辅料、材料或服装生产时，要分析加工作坊、工厂、供应商报价所使用的缩写贸易术语，是否包括运费和保险费。如果报价没有采用国际贸易术语，则要特别注意，因为后期可能需要支付许多其他费用。

下面是海外原材料和产品采购常用的报价术语，从中可以知道是否包括运费和其他服务。

- **工厂交货X-FTY/ExW（Ex-Factory or Ex-Works）：** 此价格只包含产品生产成本。此价格不包括处理、运输或税收。生产企业将货物在工厂门口交给卖方后，责任终止。
- **船边交货价FAS（Free Alongside）：** 此价格包括生产成本，以及交付到港口、装卸码头等指定地点的运输成本。不包括将货物搬上船、飞机、卡车的运输成本以及海运费、税收。生产企业将货物交付给指定托运人后，责任终止。
- **离岸价格FOB（Free on Board）：** 此价格包括生产成本，以及运送到港口或装卸码头并搬上船、飞机或卡车的运输成本。不包括海运费或关税。生产企业将货物装载到指定的运输船上后，责任终止。
- **到岸价格CIF（Cost, Insurance and Freight）：** 此价格包括生产成本，交付港口或装卸码头并搬上船、飞机或卡车上的运输成本，以及沿途所有适用的保险费。不包括关税、清关费用或进口商本地运输费用。生产企业在货物送达目的港后，责任终止。
- **指定地税后交货DDP（Delivered and Duty Paid）：** 此价格包括生产成本，交付到港口或装卸码头并搬上船、飞机或卡车上的运输成本，海运费、保险费、卸货费、通关费、已付关税以及将货物交付到进口商指定仓库或零售商的装卸运输费用（图3-2）。

图3-2　指定地税后交货DDP

以上概述了国际商会ICC规则，但要注意这些内容的局限性。如果要为组织制定贸易政策，或与贸易伙伴或服务提供商起草合同，则应参考ICC发布的最新《国际贸易术语解释通则》文本。下载Incoterms APP，可接收最新新闻和更新。

上面介绍了如何报价，下面讨论所有给定条款中包含的各种费用。这些因素包括直接采购费用、买办费用和采购代理费用、货运代理费用、海关费用等。

全球化生产导致成本表上需要增加更多的成本项目，如表3-2所示。该成本表增加了代理佣金、运费、关税、清关费用、本地运费等项目，并在其他总成本中进行汇总。该表是现在通用的国际成本计算表。

表3-2 传统服装行业国际成本计算表

传统成本表					
日期：		公司：			
款式代码：	样衣代码：	季度：		组别：	
尺码范围：	样衣尺码：	描述：			
面料：					
面料	估计用量	单价（$/yard）	估计成本	估计总成本	款式图
面料 1：					
面料 2：					
运费：					
辅料	估计用量	单价（$/yard/gr/pc）	估计成本		
辅料 1：					
辅料 2：					
辅料 3：					
运费：					正面图
物料	估计用量	单价（$/yard/gr/pc）	估计成本		
物料 1：					
物料 2：					
运费：					
人工	直接人工	临时合同用工			
裁剪：					
缝制：					
后整理：					
唛架 / 放码：					
商品直接成本估计					
代理佣金率（%）					
运费估计					
关税税率（%）					
清关费用率（%）					
本地运费					背面图
其他成本总计					
LDP/DDP 的成本估计					
批发毛利		目标毛利率（%）	100%–MU%	毛利（$）	
批发价格					
零售毛利		目标毛利率（%）	100%–MU%	毛利（$）	
零售价格					
制造商建议零售价格（MSRP）					

3.4　直接工厂采购费用

通常，品牌商在进口服装时，会走访原材料和服装加工厂及供应商。走访这些工厂，无论是在海外还是在边境，都可能增加成本。到工厂采购和调研涉及往返所有工厂的航空旅行费用、酒店费用、膳食和交通费用，甚至包括翻译费用。如果出席海外采购贸易展览会或到每个工厂进行检查，费用还会增加。直接采购不仅要花钱，还要花费时间和精力。要将这些直接采购成本作为一个成本项目列入成本计算表还是有点困难的。例如，在结束了中国采购的行程后，机票、酒店和所有其他费用共5000美元，需要将这些费用列在成本表中。如果只是简单地将这些费用由毛利补偿，意味着在利润没有实现之前，毛利率要定高一些。通常，公司会将直接采购费用列入成本表上的其他项目中，然后除以预计的采购量，类似成本计算中除以预计总单位数，然后将该数据加入成本表中。按作者的观点，如果从事上衣、裤子或袜子的生产业务时，产生的费用与这些上衣、裤子或袜子相关，这些费用就应该对应为上衣、裤子或袜子的成本因素。因此，作者建议，将生产某一产品的采购费用除以计划生产该产品的库存单位数量（SKUs），计算该产品的单位采购费用，这种做法虽然不完美，但成本核算工作表本来就是要实时更新的。某一款服装的SKU是该款服装的颜色数量与尺码数量的乘积。例如，一件T恤有三种颜色（黑色、白色和海军蓝）并且尺码为XS～XL（表示XS、S、M、L和XL），可以选择五种尺码。该款服装的SKU为15，即用三种颜色乘以五种尺码。最好将直接采购费用除以总产量。

> 工厂直接采购总支出 =5000.00 美元
> 总 SKUs=15 个
> 每个 SKU 的平均采购数量 =500 件
> 总采购数量 =7500 件

> 直接采购 ÷ 总采购数量 = 直接采购成本 / 件
> 5000.00÷7500 ≈ 0.6666（美元 / 件）
> （每件 0.67 美元的成本可以列入成本计算表，以涵盖海外采购旅行费用）

最好考虑所有成本，而不是将大量费用从成本表中剔除，由毛利覆盖，因为毛利必须包含许多其他费用。这将在第4章中详细讨论。

3.5　买办和采购代理费用

设计师或品牌可以选择雇用采购代理或向买办下单。采购代理商或买办与大型的供应商和生产企业建立了巨大的关系网络，可以胜任原材料的采购及寻找加工厂。买办或代理商是公司在生产工厂的眼睛、耳朵和代言人，可以提高公司产品的价值。他们负责沟通、质量评估，并对出现的危机、错误、延误等问题进行处理。买办通常可以协助开发设计，并且可以完成技术包或批准色板。色板是用于颜色匹配、质量、重量测试的面料小样。他们还可以提供其他紧急支持。

朱丽叶·阿特威是纽约利姆时尚商业管理学院（LIM College）的兼职教授，在一次私人电话交谈中，提出了有关采购费用的想法：在与利丰公司（Li & Fung）等采购代理合作之前，这家时装公司的高级管理层与采购代理进行了费用谈判。费用按直接成本或 FOB 的一定比例计算。平均而言，采购部或代理商会收取 5%～10% 的费用，并且约定在合同规定的时间段内，费率将应用于所有订单。大型公司可能会协商收取 5%～7% 的费用，而小型公司可能会收取 8%～10% 的费用。

在产前成本核算中，建议在许可的范围内估算代理商费用时，采用较高的费率。尽职的代理商或买办是很有价值的，他们代表企业与供应商和加工厂合作。他们与管理层互动，并代表企业参加工厂管理层。良好的采购代理关系，需要多年合作才能建立起来，对于公司长期成功采购系列产品至关重要。因此，在首次协商采购代理费用时就应考虑这一点，建议协商的代理费用不要太低，否则可能会将相互关系引到错误的方向上。代理商或买办的费用，根据企业的报价，按 FOB、CIF 或直接成本的一定比例计算。在代理商或买办业务完成时，佣金要加入成本表，如表 3-3 所示。

3.6　货运代理费用

接下来，要将货运代理费用列入成本表（指产品从全球各地通过海运或空运发送到本国所产生的成本），如表 3-4 所示。货运代理费用取决于生产企业或买办的报价，该报价可能包括，也可能不包括海运或空运的费用。如果企业或货运代理人（组织货物运输的人）正在安排运输，则需要确保收到全包的国际运费。否则，可能会向企业收取各种费用，包括文件费用、包装板条箱和托盘费用、卸载和港口安全费用、码头费用、中国货物的商品增值税（VAT）、仓库仓储费用、货物保险费用（从港口到最终目的地的额外保险费用）等。运费是可变的，报价将基于运输距离、所需的运输时间以及订单金额、数量、重量等因素。因此，很难估算出全包运费，尤其是当产生一些额外费用时，例如，仅仅是为了支付文书费用和订单的杂项费用，每个订单平均要增加 35～75 美元（相当于每件 0.03～0.07 美元），这已经超出了实际运费（Noah，2017 年）。另外，如果延迟交货，会导致延迟运费，报价也要增加。货物到达目的地海港或机场后，还需要收取陆地运费才能将其运送到最终目的地（即仓库、办事处或商店）。该费用不一定包含在货运报价中，因此了解报价中是否包括港口到港口或送货上门（最终目的地）费用非常重要。

表3-3 牛仔裤 KRV-1111国际成本分步计算表（第1步：加入5%的代理商佣金）

传统成本表					
日期：03/10/2021		公司：KRV 设计			
款式代码：1111	样衣代码：210	季度：春一		组别：男士牛仔裤	
尺码范围：28 ~ 36	样衣尺码：32	款式描述：5 袋款宽松合身牛仔裤			
面料：14 盎司 100% 棉牛仔布，幅宽 60in					
面料	估计用量	单价（$/yard）	估计成本（$）	估计总成本	款式图
面料 1：14 盎司牛仔布	2	6.99	13.98		
面料 2：平纹布	0.125	1.40	0.18		
运费：原料加工厂到工厂	1	0.50	0.50		
				$14.66	
辅料	估计用量	单价（$/yard/gr/pc）	估计成本（$）		
辅料 1：20mm 仿古银金属四合扣	1	0.25	0.25		
辅料 2：9mm 仿古银金属铆钉	10	0.10	1.00		
辅料 3：金属拉链	1	0.25	0.25		
运费：供应商到工厂	1	0.25	0.25		
				$1.75	正面图
物料	估计用量	单价（$/yard/gr/pc）	估计成本（$）		
物料 1：线	1	1.00	1.00		
物料 2：后身标志	1	0.50	0.50		
运费：供应商到工厂	1	0.25	0.25		
				$1.75	
人工	直接人工（$）	临时合同用工			
裁剪：中国	1.45				
缝制：中国	4.55				
后整理：中国	0.75				
唛架 / 放码：中国	0.75				
				$7.50	
商品直接成本估计				$25.66	
代理佣金率（%）	5			$1.28	
运费估计					
关税税率（%）					
清关费用率（%）					背面图
本地运费					
其他成本总计					
LDP/DDP 的成本估计					
批发毛利		目标毛利率（%）	100%–MU%	毛利（$）	
批发价格					
零售毛利		目标毛利率（%）	100%–MU%	毛利（$）	
零售价格					
制造商建议零售价格（MSRP）					

表3-4 牛仔裤KRV-1111国际成本分步计算表（第2步：加入国际和本地运输成本）

传统成本表					
日期：03/10/2021		公司：KRV 设计			
款式代码：1111	样衣代码：210	季度：春一		组别：男士牛仔裤	
尺码范围：28 ~ 36	样衣尺码：32	款式描述：5 袋款宽松合身牛仔裤			
面料：14 盎司 100% 棉牛仔布，幅宽 60in					
面料	估计用量	单价（$/yard）	估计成本（$）	估计总成本	款式图
面料 1：14 盎司牛仔布	2	6.99	13.98		
面料 2：平纹布	0.125	1.40	0.18		
运费：原料加工厂到工厂	1	0.50	0.50		
				$14.66	
辅料	估计用量	单价（$/yard/gr/pc）	估计成本（$）		
辅料 1：20mm 仿古银金属四合扣	1	0.25	0.25		
辅料 2：9mm 仿古银金属铆钉	10	0.10	1.00		
辅料 3：金属拉链	1	0.25	0.25		
运费：供应商到工厂	1	0.25	0.25		
				$1.75	正面图
物料	估计用量	单价（$/yard/gr/pc）	估计成本（$）		
物料 1：线	1	1.00	1.00		
物料 2：后身标志	1	0.50	0.50		
运费：供应商到工厂	1	0.25	0.25		
				$1.75	
人工	直接人工（$）	临时合同用工			
裁剪：中国	1.45				
缝制：中国	4.55				
后整理：中国	0.75				
唛架 / 放码：中国	0.75				
				$7.50	
商品直接成本估计				$25.66	
代理佣金率（%）	5			$1.28	
运费估计	船运			$0.65	
关税税率（%）					
清关费用率（%）					
本地运费	卡车			$1.00	背面图
其他成本总计					
LDP/DDP 的成本估计					
批发毛利		目标毛利率（%）	100%-MU%	毛利（$）	
批发价格					
零售毛利		目标毛利率（%）	100%-MU%	毛利（$）	
零售价格					
制造商建议零售价格（MSRP）					

3.7 清关费用

订单到达港口或机场后，就必须通过美国海关和边境管制局。通过美国海关获得装运的订单会产生费用，该费用列入成本表中的清关费用，如表3-5所示。通常，一家公司会聘请有执照的报关行提供这方面的帮助。报关员是根据进口量来收取费用的。1000件左右T恤送货上门的进口货物，基本清关费用为150.00美元。此费用等于每件0.15美元，并且不包括关税、保证金以及所有运费和终端费，这是货运费用的一部分。在货物通过美国海关并交付之前，要知道确切的海关经纪人费用有些困难。在填写成本表时，过去的装运信息有助于估算该项成本。

与东北经纪公司的报关行肯尼斯·布卢姆进行电子邮件访谈，询问当前的经纪业务惯例和费用：

问：当您进口服装时，您必须聘请有执照的报关行来清关，或者品牌/设计师自己处理一切吗？

答：如果需要，您可以在员工内部聘请许可证代理人来处理公司的进口。对于较小的公司，个人也可以完成该过程。但是，由于涉及大量的时间和精力，我不建议这样做，大多数公司都雇用了报关行。

问：美国品牌公司付给持照海关经纪人的费用是按百分比还是固定费率？

答：大多数费用是基于进口量的固定费率。

问：中小订单的基本统一费用是多少？

答：基本清关费用为150美元，其中不包括保证金、关税、交付和装卸费。

问：持牌报关行（CB）负责哪些专业事务？（如卸货、清关、值勤等）

答：他们负责从仓库到仓库，从仓库到港或从港口到港口的所有各种活动。例如，对于仓库到仓库的CB业务，包括：提货、出口清关、进口清关和交货。

问：聘请CB如何影响成本？

答：货运代理人能够合并转运，货运量大，其费率比直运费率要更低一些。费率不尽相同，需要根据商品类别、重量、尺寸和金额等来确定费率。

表3-5 牛仔裤KRV-1111国际成本分步计算表（第3步：加入国际和本地运费以及清关费）

传统成本表					
日期：03/10/2021		公司：KRV 设计			
款式代码：1111	样衣代码：210	季度：春一		组别：男士牛仔裤	
尺码范围：28 ~ 36	样衣尺码：32	款式描述：5 袋款宽松合身牛仔裤			
面料：14 盎司 100% 棉牛仔布，幅宽 60in					
面料	估计用量	单价（$/yard）	估计成本（$）	估计总成本	款式图
面料 1：14 盎司牛仔布	2	6.99	13.98		
面料 2：平纹布	0.125	1.40	0.18		
运费：原料加工厂到工厂	1	0.50	0.50		
				$14.66	
辅料	估计用量	单价（$/yard/gr/pc）	估计成本（$）		
辅料 1：20mm 仿古银金属四合扣	1	0.25	0.25		
辅料 2：9mm 仿古银金属铆钉	10	0.10	1.00		
辅料 3：金属拉链	1	0.25	0.25		
运费：供应商到工厂	1	0.25	0.25		
				$1.75	
物料	估计用量	单价（$/yard/gr/pc）	估计成本（$）		
物料 1：线	1	1.00	1.00		正面图
物料 2：后身标志	1	0.50	0.50		
运费：供应商到工厂	1	0.25	0.25		
				$1.75	
人工	直接人工（$）	临时合同用工			
裁剪：中国	1.45				
缝制：中国	4.55				
后整理：中国	0.75				
唛架 / 放码：中国	0.75				
				$7.50	
商品直接成本估计				$25.66	
代理佣金率（%）	5			$1.28	
运费估计	船运			$0.65	
关税税率（%）					
清关费用率（%）	2.5			$0.64	
本地运费	卡车			$1.00	
其他成本总计					
LDP/DDP 的成本估计					
批发毛利		目标毛利率（%）	100%–MU%	毛利（$）	背面图
批发价格					
零售毛利		目标毛利率（%）	100%–MU%	毛利（$）	
零售价格					
制造商建议零售价格（MSRP）					

3.8　关税

关税独立于运费和海关费用。关税是对在本国（也称为进口国）以外生产的商品征收的税。将货物运回本国时要加征关税。

运费和海关费用在成本表中可能列入同一成本项目或不列入同一成本项目，但关税在成本表中始终列为独立的成本项目，如表3-6所示。关税是按进口产品落地后总成本的一定比率计算的。总成本为直接成本加上运费、保险等。关税税率差异很大，如服装的平均关税为10.8%～14.2%（Belgum，2018年），鞋类的平均关税为11%（Reagan，2018）。

查阅美国国际贸易委员会网站上的美国统一关税表（HTS）列表（https：//www.usitc.gov），可以确定关税税率。HTS使用数字系统，报关行可以根据货品基本特征识别产品，并确定关税税率。HTS系统包括了扫帚、服装、机械的所有商品分类。每个HTS代码分类都有六个数字。

- 前两位数字表示章或类别，例如：服装和服饰配件、针织或钩编。
- 接下来的两位数字表示节或商品项目类型，例如：T恤、汗衫和其他背心。
- 最后两位数字表示目，如本例中的面料是棉。

例如HS610910代码，其中前两位61表示服装和服饰配件、针织或钩编产品；接下来两位09表示T恤、汗衫和其他背心；最后两位10表示面料为棉。

关税与HTS代码对应。HTS的章、节和目详细描述了生产过程，并指出了征收什么关税。该关税表还列出所有具有优惠贸易协定，且没有关税的国家。优秀的报关行在某类商品关税业务上是非常专业的。众所周知，生产企业会想方设法通过改变产品的分类来降低关税。例如，鞋类进口商会在鞋底添加一层薄毡，以将分类更改为具有较低税率的拖鞋。因此分类要认真对待。因文书不正确、分类编号不正确或文书不完整而被海关扣押，会导致延误和增加费用。

一旦货物通过海关，并支付了运费、关税和其他费用，货物即视为落地。落地成本是货物的总成本。落地成本，包括直接成本和进入目的港并成功通过目的港的所有其他费用。其他费用，包括代理佣金、运费、关税、清关费用等，如表3-7所示。

落地成本的计算有两种情况：目的港税后交货（LDP）和指定地税后交货（DDP）。LDP成本是传统的成本计算方式，包含了到达目的港口和通过目的港口的所有费用。DDP成本包含了将货物交付到最终进口商指定地点的所有费用，可能是到仓库、配送中心（DC），也可以是直接到零售店。DDP包括内陆运费和该产品运输中这一部分的附加保险。服装运输过程中所需要的保险和任何其他杂费在"其他"成本项目中汇总。

综上所述，在本国境外生产时，需要列入直接成本的项目有：代理商或买办的佣金、海运或空运费用、内陆运输费用、关税、清关费用、保险费用以及任何其他希望不会发生的费用。将全部的成本费用汇总得到落地成本，如表3-8所示。

表3-6 牛仔裤 KRV-1111 国际成本分步计算表（第4步：加入关税）

传统成本表					
日期：03/10/2021		公司：KRV 设计			
款式代码：1111	样衣代码：210	季度：春一		组别：男士牛仔裤	
尺码范围：28 ~ 36	样衣尺码：32	款式描述：5 袋款宽松合身牛仔裤			
面料：14 盎司 100% 棉牛仔布，幅宽 60in					
面料	估计用量	单价（$/yard）	估计成本（$）	估计总成本	款式图
面料 1：14 盎司牛仔布	2	6.99	13.98		
面料 2：平纹布	0.125	1.40	0.18		
运费：原料加工厂到工厂	1	0.50	0.50		
				$14.66	
辅料	估计用量	单价（$/yard/gr/pc）	估计成本（$）		
辅料 1：20mm 仿古银金属四合扣	1	0.25	0.25		
辅料 2：9mm 仿古银金属铆钉	10	0.10	1.00		
辅料 3：金属拉链	1	0.25	0.25		
运费：供应商到工厂	1	0.25	0.25		
				$1.75	
物料	估计用量	单价（$/yard/gr/pc）	估计成本（$）		
物料 1：线	1	1.00	1.00		
物料 2：后身标志	1	0.50	0.50		
运费：供应商到工厂	1	0.25	0.25		正面图
				$1.75	
人工	直接人工（$）	临时合同用工			
裁剪：中国	1.45				
缝制：中国	4.55				
后整理：中国	0.75				
唛架 / 放码：中国	0.75				
				$7.50	
商品直接成本估计				$25.66	
代理佣金率（%）	5			$1.28	
运费估计	船运			$0.65	
关税税率（%）	5			$1.28	
清关费用率（%）	2.5			$0.64	
本地运费	卡车			$1.00	
其他成本总计					
LDP/DDP 的成本估计					
批发毛利		目标毛利率（%）	100%-MU%	毛利（$）	
					背面图
批发价格					
零售毛利		目标毛利率（%）	100%-MU%	毛利（$）	
零售价格					
制造商建议零售价格（MSRP）					

表3-7 牛仔裤KRV-1111国际成本分步计算表（第5步：汇总其他总费用）

传统成本表					
日期：03/10/2021		公司：KRV 设计			
款式代码：1111	样衣代码：210	季度：春一		组别：男士牛仔裤	
尺码范围：28～36	样衣尺码：32	款式描述：5 袋款宽松合身牛仔裤			
面料：14 盎司 100% 棉牛仔布，幅宽 60in					
面料	估计用量	单价（$/yard）	估计成本（$）	估计总成本	款式图
面料 1：14 盎司牛仔布	2	$6.99	13.98		
面料 2：平纹布	0.125	$1.40	0.18		
运费：原料加工厂到工厂	1	$0.50	0.50		
				$14.66	
辅料	估计用量	单价（$/yard/gr/pc）	估计成本（$）		
辅料 1：20mm 仿古银金属四合扣	1	0.25	0.25		
辅料 2：9mm 仿古银金属铆钉	10	0.10	1.00		
辅料 3：金属拉链	1	0.25	0.25		
运费：供应商到工厂	1	0.25	0.25		
				$1.75	
物料	估计用量	单价（$/yard/gr/pc）	估计成本（$）		正面图
物料 1：线	1	1.00	1.00		
物料 2：后身标志	1	0.50	0.50		
运费：供应商到工厂	1	0.25	0.25		
				$1.75	
人工	直接人工（$）	临时合同用工			
裁剪：中国	1.45				
缝制：中国	4.55				
后整理：中国	0.75				
唛架/放码：中国	0.75				
				$7.50	
商品直接成本估计				$25.66	
代理佣金率（%）	5			$1.28	
运费估计	船运			$0.65	
关税税率（%）	5			$1.28	
清关费用率（%）	2.5			$0.64	
本地运费	卡车			$1.00	
其他成本总计				$4.85	
LDP/DDP 的成本估计					
批发毛利		目标毛利率（%）	100%–MU%	毛利（$）	
批发价格					背面图
零售毛利		目标毛利率（%）	100%–MU%	毛利（$）	
零售价格					
制造商建议零售价格（MSRP）					

注 完成直接成本计算后，要加入其他成本总计，这些成本包括代理商佣金、运输费、关税或清关费用、本地运费等。

表3-8　牛仔裤KRV-1111国际成本分步计算表（第6步：计算落地成本）

传统成本表					
日期：03/10/2021		公司：KRV 设计			
款式代码：1111		样衣代码：210	季度：春一		组别：男士牛仔裤
尺码范围：28 ~ 36		样衣尺码：32	款式描述：5 袋款宽松合身牛仔裤		
面料：14 盎司 100% 棉牛仔布，幅宽 60in					
面料	估计用量	单价（$/yard）	估计成本（$）	估计总成本	款式图
面料 1：14 盎司牛仔布	2	6.99	13.98		
面料 2：平纹	0.125	1.40	0.18		
运费：原料加工厂到工厂	1	0.50	0.50		
				$14.66	
辅料	估计用量	单价（$/yard/gr/pc）	估计成本（$）		
辅料 1：20mm 仿古银金属四合扣	1	0.25	0.25		
辅料 2：9mm 仿古银金属铆钉	10	0.10	1.00		
辅料 3：金属拉链	1	0.25	0.25		
运费：供应商到工厂	1	0.25	0.25		
				$1.75	
物料	估计用量	单价（$/yard/gr/pc）	估计成本（$）		正面图
物料 1：线	1	1.00	1.00		
物料 2：后身标志	1	0.50	0.50		
运费：供应商到工厂	1	0.25	0.25		
				$1.75	
人工	直接人工（$）	临时合同用工			
裁剪：中国	1.45				
缝制：中国	4.55				
后整理：中国	0.75				
唛架 / 放码：中国	0.75				
				$7.50	
商品直接成本估计				$25.66	
代理佣金率（%）	5			$1.28	
运费估计	船运			$0.65	
关税税率（%）	5			$1.28	
清关费用率（%）	2.5			$0.64	
本地运费	卡车			$1.00	
其他成本总计				$4.85	
LDP/DDP 的成本估计				$30.51	
批发毛利		目标毛利率（%）	100% − MU%	毛利（$）	
					背面图
批发价格					
零售毛利		目标毛利率（%）	100% − MU%	毛利（$）	
零售价格					
制造商建议零售价格（MSRP）					

注　完成了其他总成本计算后，计算落地成本 LDP/DDP，其计算公式为：落地成本 = 商品直接成本 + 其他总成本（代理商佣金 + 运费 + 关税 + 清关费用）。

接下来，根据落地成本和毛利率计算销售价格。下面的示例是用双倍成本定价确定销售价格：

> 落地成本 ×2= 批发价
> 12.00×2=24.00（美元）

在国际成本计算表中，批发价格与零售价格可以采用双倍成本定价，也可以采用目标毛利率定价。在表3-9中，批发价格是用毛利率计算的。在表3-10中，零售价格是用双倍成本定价计算的。零售价格确定后，公司根据价格策略，制定建议零售价格（MSRP）。

如果在海外或跨边境进行生产，而你又不在生产地居住时，网络和供应链将变得复杂且透明度较低，这可能会导致错误、疏漏和重复工作。尽管在海外生产时劳动力成本较低，但是如果某个生产批次出现问题，则可能会产生成本，并且在出现问题时必须乘飞机飞往工厂解决问题。这会削减利润率，使商品比本国生产更贵。因此，如本章前面所述，所有海外采购旅行费用都应放入成本表中。质量控制是关键，而在全球化生产中，质量控制发生在遥远的工厂。因此，从概念、开发到生产的每个阶段都必须审核质量，这样可以尽早发现错误，避免大量的返工成本。

表3-9　牛仔裤 KRV-1111国际成本分步计算表（第7步：计算批发价格）

传统成本表					
日期：03/10/2021		公司：KRV 设计			
款式代码：1111	样衣代码：210	季度：春一		组别：男士牛仔裤	
尺码范围：28 ~ 36	样衣尺码：32	款式描述：5 袋款宽松合身牛仔裤			
面料：14 盎司 100% 棉牛仔布，幅宽 60in					
面料	估计用量	单价（$/yard）	估计成本（$）	估计总成本	款式图
面料 1：14 盎司牛仔布	2	6.99	13.98		
面料 2：平纹布	0.125	1.40	0.18		
运费：原料加工厂到工厂	1	0.50	0.50		
				$14.66	
辅料	估计用量	单价($/yard/gr/pc)	估计成本（$）		
辅料 1：20mm 仿古银金属四合扣	1	0.25	0.25		
辅料 2：9mm 仿古银金属铆钉	10	0.10	1.00		
辅料 3：金属拉链	1	0.25	0.25		
运费：供应商到工厂	1	0.25	0.25		
				$1.75	
物料	估计用量	单价($/yard/gr/pc)	估计成本（$）		
物料 1：线	1	1.00	1.00		
物料 2：后身标志	1	0.50	0.50		
运费：供应商到工厂	1	0.25	0.25		正面图
				$1.75	
人工	直接人工（$）	临时合同用工			
裁剪：中国	1.45				
缝制：中国	4.55				

续表

<table>
<tr><td colspan="5" align="center">传统成本表</td></tr>
<tr><td align="center">人工</td><td align="center">直接人工（$）</td><td align="center">临时合同用工</td><td></td><td></td></tr>
<tr><td>后整理：中国</td><td align="center">0.75</td><td></td><td></td><td></td></tr>
<tr><td>唛架／放码：中国</td><td align="center">0.75</td><td></td><td></td><td></td></tr>
<tr><td></td><td></td><td></td><td></td><td align="center">$7.50</td></tr>
<tr><td colspan="4" align="center">商品直接成本估计</td><td align="center">$25.66</td></tr>
<tr><td>代理佣金率（%）</td><td align="center">5</td><td></td><td></td><td align="center">$1.28</td></tr>
<tr><td>运费估计</td><td align="center">船运</td><td></td><td></td><td align="center">$0.65</td></tr>
<tr><td>关税税率（%）</td><td align="center">5</td><td></td><td></td><td align="center">$1.28</td></tr>
<tr><td>清关费用率（%）</td><td align="center">2.5</td><td></td><td></td><td align="center">$0.64</td></tr>
<tr><td>本地运费</td><td align="center">卡车</td><td></td><td></td><td align="center">$1.00</td></tr>
<tr><td colspan="4" align="center">其他成本总计</td><td align="center">$4.85</td></tr>
<tr><td colspan="4" align="center">LDP/DDP 的成本估计</td><td align="center">$30.51</td></tr>
<tr><td>批发毛利</td><td></td><td align="center">目标毛利率（%）</td><td align="center">100% – MU%</td><td align="center">毛利（$）</td></tr>
<tr><td></td><td></td><td align="center">60</td><td align="center">40</td><td align="center">45.77</td></tr>
<tr><td colspan="4" align="center">批发价格</td><td align="center">$76.28</td></tr>
<tr><td>零售毛利</td><td></td><td align="center">目标毛利率（%）</td><td align="center">100% – MU%</td><td align="center">毛利（$）</td></tr>
<tr><td></td><td></td><td></td><td></td><td></td></tr>
<tr><td colspan="5" align="center">零售价格</td></tr>
<tr><td colspan="5" align="center">制造商建议零售价格（MSRP）</td></tr>
</table>

背面图

注　完成落地成本计算后，计算批发价格。其计算公式为：批发价格 = 落地成本 /（1–毛利率）。假设加入落地成本的毛利率为 60%，批发价格 = $30.51/（1–60%）= $76.28。

表 3-10　牛仔裤 KRV-1111 国际成本分步计算表（第 8 步：计算零售价格）

<table>
<tr><td colspan="5" align="center">传统成本表</td></tr>
<tr><td colspan="2">日期：03/10/2021</td><td colspan="3">公司：KRV 设计</td></tr>
<tr><td>款式代码：1111</td><td>样衣代码：210</td><td colspan="2">季度：春一</td><td>组别：男士牛仔裤</td></tr>
<tr><td>尺码范围：28 ~ 36</td><td>样衣尺码：32</td><td colspan="3">款式描述：5 袋款宽松合身牛仔裤</td></tr>
<tr><td colspan="5">面料：14 盎司 100% 棉牛仔布，幅宽 60in</td></tr>
<tr><td align="center">面料</td><td align="center">估计用量</td><td align="center">单价（$/yard）</td><td align="center">估计成本（$）</td><td align="center">估计总成本</td></tr>
<tr><td>面料 1：14 盎司牛仔布</td><td align="center">2</td><td align="center">6.99</td><td align="center">13.98</td><td align="center" rowspan="4">款式图</td></tr>
<tr><td>面料 2：平纹布</td><td align="center">0.125</td><td align="center">1.40</td><td align="center">0.18</td></tr>
<tr><td>运费：原料加工厂到工厂</td><td align="center">1</td><td align="center">0.50</td><td align="center">0.50</td></tr>
<tr><td></td><td></td><td></td><td align="center">$14.66</td></tr>
<tr><td align="center">辅料</td><td align="center">估计用量</td><td align="center">单价（$/yard/gr/pc）</td><td align="center">估计成本（$）</td><td></td></tr>
<tr><td>辅料 1：20mm 仿古银金属四合扣</td><td align="center">1</td><td align="center">0.25</td><td align="center">0.25</td><td></td></tr>
<tr><td>辅料 2：9mm 仿古银金属铆钉</td><td align="center">10</td><td align="center">0.10</td><td align="center">1.00</td><td></td></tr>
<tr><td>辅料 3：金属拉链</td><td align="center">1</td><td align="center">0.25</td><td align="center">0.25</td><td></td></tr>
<tr><td>运费：供应商到工厂</td><td align="center">1</td><td align="center">0.25</td><td align="center">0.25</td><td></td></tr>
<tr><td></td><td></td><td></td><td align="center">$1.75</td><td></td></tr>
<tr><td align="center">物料</td><td align="center">估计用量</td><td align="center">单价（$/yard/gr/pc）</td><td align="center">估计成本（$）</td><td></td></tr>
<tr><td>物料 1：线</td><td align="center">1</td><td align="center">1.00</td><td align="center">1.00</td><td align="center">正面图</td></tr>
<tr><td>物料 2：后身标志</td><td align="center">1</td><td align="center">0.50</td><td align="center">0.50</td><td></td></tr>
<tr><td>运费：供应商到工厂</td><td align="center">1</td><td align="center">0.25</td><td align="center">0.25</td><td></td></tr>
<tr><td></td><td></td><td></td><td align="center">$1.75</td><td></td></tr>
<tr><td align="center">人工</td><td align="center">直接人工（$）</td><td align="center">临时合同用工</td><td></td><td></td></tr>
<tr><td>裁剪：中国</td><td align="center">1.45</td><td></td><td></td><td></td></tr>
</table>

传统成本表					
人工	直接人工（$）	临时合同用工			
缝制：中国	4.55				
后整理：中国	0.75				
唛架/放码：中国	0.75				
				$7.50	
商品直接成本估计				$25.66	
代理佣金率（%）	5			$1.28	
运费估计	船运			$0.65	
关税税率（%）	5			$1.28	
清关费用率（%）	2.5			$0.64	
本地运费	卡车			$1.00	
其他成本总计				$4.85	
LDP/DDP 的成本估计				$30.51	
批发毛利		目标毛利率（%）	100%–MU%	毛利（$）	
		60	40	45.77	
批发价格				$76.28	
零售毛利		目标毛利率（%）	100%–MU%	毛利（$）	
		50	50	76.28	
零售价格				$152.56	
制造商建议零售价格（MSRP）				$155.00	

背面图

注 完成批发价格计算后，计算零售价格。与批发价格计算类似，其计算公式为：零售价格＝批发价格/（1–毛利率）。假设零售毛利率为50%，零售价格＝$76.28/（1–50%）＝$152.56。将最终零售价格取整以统一价格，或采用与品牌定价相一致的定价策略，如价格尾数可能是0.00，0.50，还是0.99？

现在的技术有助于减少许多此类错误，并缩短开发时间。企业资源计划（以下简称ERP）和PLM之类的应用系统，可帮助生产企业在整个生产和开发供应链中获得可视信息。ERP软件用于帮助生产企业在产品开发和销售周期中共享、访问信息。PLM在实时通信环境中工作，可帮助企业最大限度地减少时间并简化通信，是当今行业中使用的优秀资源。通过使用这种复杂系统，销售商、设计师和生产经理可以保持与世界各地的联系。PLM应用带有工作流页面的一系列文件夹，组织一件服装的所有资料。主要目的是分解产品的所有属性以及根据生产标准建立所需要的内容。通过使用PLM，供应链流程中的所有合作伙伴都可以访问此信息，更新产品文件夹并有效地组织这些信息。为了传达重要的产品信息，PLM软件程序需要包含以下信息元素：款式编号、款式图或配色计算机辅助设计（CADs）、款式说明、面料信息、成本核算、订单表、调色板、物料清单BOL、结构细节、尺寸规格表以及其他有价值的信息或图片，以帮助更好地描述最终服装生产的要求。PLM程序的另一个重要功能是，如果全球合作伙伴没有PLM，则可以将输入数据库系统中的信息导出到pdf文件中，创建技术包，并可以通过电子邮件发送此技术包，或打印此pdf文件的纸质副本，支持服装或样衣制作。使用格柏YuniquePLM软件（the Gerber YuniquePLM）创建的款式文件夹、技术包以及尺寸规格表如图3–3～图3–5所示。在线搜索"YuniquePLM"，获取更多详细信息。

但是，并非所有公司都使用PLM，因为购买这款软件是相当昂贵的。许多人在Excel中进行成本核算，与PLM程序相比，对Excel性能以及低成本优势也非常满意。

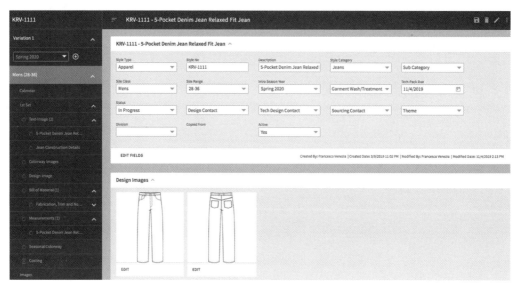

图3-3　牛仔裤 KRV-1111的数字款式文件夹（Gerber YuniquePLM® 版本8程序界面）

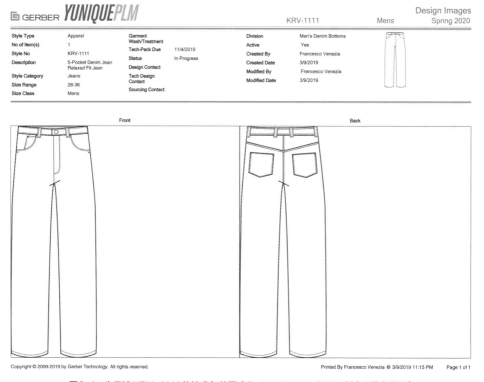

图3-4　牛仔裤 KRV-1111的技术包首页（Gerber YuniquePLM® 版本8程序界面）

图3-5　牛仔裤 KRV-1111 尺寸规格表（Gerber YuniquePLM® 版本8程序界面）

毫无疑问，全球生产使时装业能够以很低的价格生产更多的服装。低成本是当今众多品牌在海外生产的主要原因。为了保持成本优势，调查和整合尽可能透明的供应链是很重要的。这样，低成本产品才可以达到指定要求。否则，将会因为返工而付出很多代价，或者造成打折销售。无论哪种方式都会导致利润损失，并且这些产品也不再具有低成本优势。将生产留在本国，尽管在生产成本方面要昂贵得多，但所需的时间和成本影响因素更少，供应链更加透明，任何合约问题都可以得到解决，而且无须海外旅行和酒店费用就可以轻松解决。

3.9　总结

由于劳动力成本降低，全球生产多数转移到了海外。品牌下单量不断增加，导致交货时间更长。签订更大的订单会产生大量滞销库存。在许多折扣店中，这种过剩的库存很明显。随着海外（尤其是中国）工人工资的上涨，这种趋势正在逆转。消费者正在寻求美国制造的产品。

全球生产对成本的影响，需要考虑其他额外成本，例如直接采购费用、买办或采购代理费用、海空联运费用、保险费用、港口安全费用、包装板条箱费用、附加运输费和仓库存储费用等。这些费用的总金额可能与直接成本费用相同或更多。另外，由于购买先进的PLM软件成本高，使用PLM软件也会增加成本。

由于要拜访工厂和供应商，直接工厂采购成本可能很高。必须考虑航空旅行、酒店、餐食、车费、翻译和商业展览等成本，但如何将这些成本列入对应产品成本表中是很难的。建议在成本表中的其他成本项目中列支直接采购费用，而不是在毛利中支付这些费用。

买办和采购代理费采用约定的费率，范围从5%～10%，具体取决于公司的规模。采购代理负责产品采购、材料采购以及与生产工厂沟通，保证评估质量并随时解决各种危机、错误或延误。要将采购代理视为投资，协商费用不要过低。采购代理费可以基于FOB或直接成本计算。

货运代理安排运输，并应确定一个全包的国际货运价格。生产企业或买办的报价中不一定包含货运代理费用，这些费用包括文件费用、包装板条箱和托盘费用、卸货费用、港口安全和码头费用、增值税、仓库存储费用、货物保险费用等。费用不尽相同，价格报价取决于运输距离、所需的运输时间以及订单金额、数量、重量。如果延迟交货，那么报价可能会增加，并且延期货物费用也会增加。货物到达后，通常会增加内陆运费。因此，了解报价中是否包括港口到港口或港口到仓库的费用很重要。

海关清关费用，指海运或空运订单到达时，通过美国海关和边境管制局产生的费用。清关文件需要持牌报关行准备。因为获得报关执照需要成本和时间，大型公司拥有内部授权的报关员，而中小型公司需要将此项服务外包。报关行根据进口量收取统一费率，但是由于在交付之前可能不知道订单的重量、尺寸和金额，因此通常必须在交货后进行调整。

关税，指对本国境外生产的商品征收的税收。关税是按总成本的一定比率计算的，并在成本表中作为一个独立的成本项目。税率因产品类别而异。美国HTS将根据产品分类，确定需要支付的关税税率。货物通过海关清关后，即视为落地。落地成本是货物的总成本，其中包括运费、关税和其他费用。落地成本计算有两种情况，即LDP和DDP。LDP，是到达目的港口的货物总价；DDP，是包含交付给进口商指定地点所有费用的商品总价。

本章回顾与讨论

1. 将生产移出美国和其他发达国家的主要原因是什么？

2. 全球生产涉及哪些角色？为什么了解全球供应链对成本计算很重要？

3. 什么是国际贸易术语解释通则？为什么要了解这些通用术语？

4. 大多数时装行业的公司不要求使用ExW或X-FTY报价。为什么会这么认为呢？

5. 采购代理商的职责是什么？

6. 与海外生产相关的费用有哪些不同类型？

活动与练习

1. 目前正在国内生产系列产品。但是，生产服装系列的成本变得过于昂贵，无法在国内生产，作为一家规模较小的公司，产量小、订单量小，计划将生产转移到海外。针对这种策略，列出必须在定价中考虑的新的额外费用，以保持稳健毛利率和维持业务。另外，与海外生产企业合作还将面临哪些其他挑战？

2. 作为一家为纽约知名服装品牌提供服务的代理商，需要获得佣金来提供在海外中国的生产跟单服务。作为纽约总部的代理，需要承担哪些基本职责？为实现日程计划中的生产货期，必须做好哪些业务工作？

关键词

离岸价格 CIF（cost，insurance，and freight）	货运代理 freight forwarder
原产国 COO（country of origin）	国际贸易术语 Incoterms®
指定地税后交货 DDP（delivered and duty paid）	色样 lab dip
直接采购 direct sourcing	落地 landed
税 duty	目的港税后交货 LDP（landed and duty paid）
企业资源计划 ERP（enterprise resource planning）	库存单位 SKU（stock keeping unit）
工厂交货 ExW（ex-Works）	采购代理 sourcing agent
船边交货 FAS（free alongside）	美国协调关税表 US Harmonized Tariff Schedule（HTS）
到岸价格 FOB（free on board）	工厂交货 X-FTY（Ex-factory）

第4章 成本因素

4.1 成本因素概述

计算一件服装的成本，需要考虑面料、辅料、物料、人工、运输、代理商佣金、关税和清关费用等因素，这些成本要素都列在成本表中。但是，仅凭这些要素并不能说明全部成本情况，如前所述，在计算各个项目成本时，必须考虑所有业务费用。在第3章中讲到，生产产品时，除了材料、人工和运输费用以外，还有与生产相关的其他费用，这些费用也是该产品的成本因素。将所有支出列入成本，在此基础上计算出的销售价格，才能够保证服装销售收入补偿所有的这些支出。生产服装的费用比人们意识到的要多得多。伊丽莎白·佩普在2017年接受勒克（Racked）采访时（Baldwin，2017），分享了一款工装衬衫手绘成本分解图（Elizabethsuzann.com），可以更好地说明这一点。

正如伊丽莎白·佩普所说明的那样，除了面料、辅料或人工之外，企业在很多地方都花钱，但顾客对此并不了解。正如她绘制的成本图（图4-1），显示了许多隐含成本，其中毛利也包含在这些费用中。

下面讨论服装成本的所有因素和费用。与其他类型的产品或服务的成本计算一样，业务成本也分为直接成本与间接成本以及固定成本与可变成本，关于直接成本与间接成本，以及固定成本与可变成本的区别讨论如下。

4.2 直接成本因素与间接成本因素

4.2.1 直接成本

直接成本通常包含在成本表中，是成本核算中专门的成本要素与分配对象，每项直接成本都有与订单相关联的发票，如图4-2所示。直接成本因素包括：直接人工，例如服装的裁剪、缝制和针织，这些工序按分钟或小时计费，或按计件付费；其他直接成本因素，包括面料、缝线、辅料、物料、运输、清关和关税等。以上这

图4-1 服装有形成本因素

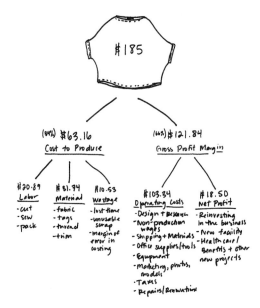

图4-2　成本明细图

（由Elizabethsuzann.com创始人伊丽莎白·佩普绘制，显示了服装价格中包括的所有费用）

些因素包括了有形的物品、服务或费用，这都需要列入成本并计算。

4.2.2　间接成本

　　各种间接成本对生产和销售某一产品的影响不是很明确，因为间接成本无法准确地追踪或对应任何一种产品。间接成本与生产流程、工序有关，其支出让所有产品生产受影响，对于企业的日常运营而言，是必不可少的。由于没有直接指向某一特定产品生产的准确记录底稿，这些因素通常不能列入成本表。

　　间接成本因素，包括办公费用、制造费用和工厂间接成本。工厂间接成本，包括租金、水电、设备购买和维修、计算机和软件、工资服务、会计和法律费用、清洁、办公室用品以及间接人工等。间接人工，包括原材料处理和包装人员、质量保证人员、接待员、工厂经理、清洁工、信使和安全人员。此外，没有列入某一服装生产的成本还有很多，但仍是业务费用，包括会议费用、客户午餐或晚餐、汽车服务、礼品、旅行、酒店和机票费用以及营销、广告和贸易展览费用。当然，这些费用需要跟踪，但不会与某一产品生产对应，那么，这些费用是服装成本吗？当然是，只是间接成本而已。

4.2.3　间接成本计算

　　间接成本支出金额的计算是比较困难的，但企业总是希望在这类费用上的支出尽可能少，不会侵蚀企业的利润。不过，计算间接成本的成熟做法是按间接成本率计算。用间接成本除以直接成本，得到间接成本率。由于间接成本含糊不清，一种简单的计算方法是先计算一定时期的总费用（即计算期内支出的全部费用），然后减去该期间的直接成本，差额就是间接成本，即剩下的所有费用都是间接成本。

为了快速确定间接成本，从一定时期内支付的所有费用中减去直接成本，剩下的就是间接成本。

> 总成本 − 直接成本 = 间接成本
> 225000−125000=100000（美元）

然后，用差额（即间接成本）来计算间接成本率。计算公式为：

> 间接成本 ÷ 直接成本 = 间接成本率
> 100000÷125000=0.8
> 0.8% ×100=80%

在此案例中，间接成本率为80%，这意味着对于所出售的商品，按直接成本的80%从收入中支付间接成本，例如租金、间接人工、保险等。这相当于赚到的大部分钱。当一家公司发现，其间接成本经常大于商品的直接成本后，就会知道需要减少间接成本来保持高利润率。间接成本与利润是相互消长的关系，如图4–3所示。

当然，要获得更大的利润，就要同时减少直接成本和间接成本。但是，在大多数情况下，公司无法大幅降低直

图4-3 间接成本与利润关系

接成本（因为这将意味着使用质量较低的面料或辅料），因此降低成本的最好方法是降低间接成本。降低间接成本就能降低总成本，进而形成一个较合理的间接成本率。间接成本率越低，公司留存的利润越多。

下面的数据会更有利：

> 间接成本 ÷ 直接成本 = 间接成本率
> 50000÷125000=0.4
> 0.4% ×100=40%

在上例中，间接成本率是40%，这意味着每销售一件商品，将有40%用来补偿间接费用。40%比80%更可取，因为剩下的60%（而不是仅仅20%）就是赚到的钱。间接成本率越低，利润越高。

间接费用（包括间接成本）可以在成本跟踪表上跟踪，如表4–1所示。在间接成本表上，必须列出所有费用并汇总这些费用（按月、销售季节、季度或年度），得出间接成本总额，也称为间接成本。

表4-1 间接成本跟踪表

间接成本项目	总成本
办公室／展厅空间	
仓库空间	
物料搬运	
设备／机械	
设备／机械维修	
办公室／展厅家具	
办公室／展厅用品	
工资	
佣金	
公用事业	
网络服务	
餐饮／娱乐	
礼品	
车费	
广告／营销	
运费	
会计费用	
律师费	
保险	
盗窃损失	
其他	
总间接成本	

间接成本构成了公司的间接费用，支持公司经营业务和所有产品销售。费用是多种多样且包罗万象的，因此很容易错过一两项费用。因此，保存、归档所有电子和纸质的收据与发票非常重要。一个间接成本项目很少受到关注，直到因其导致了损失。很多损失是意料之外的支出，可能是由于失窃、错误或与天气相关的损害（例如水、洪水、暴风雨或发霉）造成的意外费用。如果发生损失，就必须在成本表中进行说明。

4.2.4 直接成本计算

计算直接成本很简单。将所有成本直接列出并添加到成本表中，成本表有以下两种形式：一是物料清单（以下简称BOM），如表4-2、表4-3所示。二是人工清单（以下简称BOL），如表4-4、表4-5所示。BOM是服装生产中包含的所有面料、辅料、配件和其他材料的详细列表，并且列出了供应商名称、纤维成分等详细信息。BOM上的这些要素可以直接列入成本表中，但是对于复杂的服装产品，面料和组件很多，所有面料、辅料和材料标签都要记录在BOM上。物料清单也可用于跟踪每款服装的原材料和包装物的分配，要求有每款服装的配色，并以相同材料列入成本表中。

表4-2 空白物料清单表

面料清单							
日期：				公司：			
款式代码：		样衣代码：		季度：			组别：
尺码范围：		样衣尺码：		款式描述：			
原材料及说明	位置	用量		单价（$/yard/gr/pc）	原产地	成本	款式图
						成本总计	

表4-3 附有通用原材料的物料清单表

面料清单						
日期：			公司：			
款式代码：		样衣代码：	季度：		组别：	
尺码范围：		样衣尺码：	款式描述：			
原材料及说明	位置	用量	单价（$/yard/gr/pc）	原产地	成本	款式图
面料						
衬里						
拉链						
按扣						
纽扣						
铆钉						
扣眼						
主标签						
洗水标签						
成分标签						
原产地标签						
尺寸标签						
票证						
贴纸						
吊牌						
薄页纸						
聚酯袋						
服装袋						
衣架						
包装						
纸箱						
					成本总计	

表4-4　空白人工清单

人工成本清单						
日期：			公司：			
款式代码：		样衣代码：	季度：			组别：
尺码范围：		样衣尺码：	款式描述：			
工序描述	类型	基本费率	标准工时	时间	成本（时间 × 费率）	款式图
			总时间	总成本		

表4-5 附有常规工序的人工清单

通用人工成本清单						
日期：			公司：			
款式代码：		样衣代码：	季度：			组别：
尺码范围：		样衣尺码：	款式描述：			
工序描述	类型	基本费率	标准工时	时间	成本（时间 × 费率）	款式图
裁剪						
粘衬						
捆扎						
面缝						
里缝						
其他缝						
锁边						
其他缝制处理						
缉面线						
缉其他缝线						
钉纽扣						
开纽孔						
做其他物料						
熨烫						
贴布绣						
绣花						
做装饰						
缉下摆						
剪线						
后整理						
蒸汽熨烫						
压烫						
检查						
挂吊牌						
折叠						
挂衣						
装袋						
包装						
			总时间		总成本	

BOM也是技术包的页面。技术包是一套详细的、图文并茂的服装生产工艺书面指导文件。设计师或产品开发团队成员要为投入开发的所有服装款式创建这些技术包。

直接人工活动通常记录在BOL上，按完成每个活动所需的分钟或小时数分别列出。生产一件服装需要的所有直接人工活动都在BOL上列出，尽管并非每个生产企业都使用BOL，但对于大型公司和自有品牌制造商来说，这是非常普遍的做法。一些企业在其成本表中输入所有直接人工活动，因公司而异。

4.3 固定成本与可变成本

通常，大多数间接成本在本月和下月是相似的，因为这些费用是按月计费的，如房租、保险和工资。这些成本会吞噬公司的利润，固定成本也是如此。固定成本不随月份或订单而变化，不论总产量或订单总量多少，固定成本均保持不变，如图4-4所示。固定成本包括办公室和仓库的租金、工资、工资税、员工福利、公用事业、行政费用、保险、办公用品、公司购车付款、设备和机械等。这些项目与间接成本很相似，但不包括餐食和类似费用，大多数固定成本是间接成本。尽可能保持低的固定成本，是降低生产总成本的重要方法。

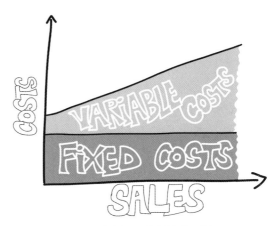

图4-4 固定成本、可变成本与销量的关系

与固定成本相反的是可变成本。可变成本因季节和订单大小以及所生产款式和产品的复杂性而异，如图4-4所示。与直接成本相似，它们也涉及用于服装生产的物料等，并且这些物料和资源使用的数量，随着每种款式和每个订单数量呈相同比例的增加或减少。可变成本包括自由职业者和兼职人员、面料、辅料、物料、款式数量、运输、耗材、关税、电费、检查、返工服务、关税、物流等方面发生的费用。

列出并分解固定成本和可变成本清单，有助于跟踪并确保所有费用都在成本表中进行统计，在此基础上确定适用所有成本表的间接成本率，确保产品价格可以覆盖所有间接成本。

对于刚起步的公司，应该在初创的费用表上列出所有费用，如表4-6所示。

有两种方法可以保证所有费用都计入成本表，计算间接成本率是其中一种方法。另一种方法称为作业成本法（以下简称ABC法），将在第5章中进行探讨。间接成本率与ABC法相比更为简单，但没那么专业。

表4-6 初创公司全部费用空白清单表

一次性启动费用	金额	备注
一次性启动成本：		
租金押金		
家具和装置		
设备		
扩建／翻新		
装修、涂漆和改建		
安装固定装置和设备		
初始库存		
公用事业存款		
法律及其他		
执照和许可证		
广告和促销		
咨询		
软件		
现金		
其他		
其他		
其他		
其他		
一次性总开办费用：		
每月费用：		
银行费用		
债务服务（本金和利息）		
保险		
会费		
维护和维修		
营销和促销：广告		
营销和促销：其他		
其他		
薪酬：工资（所有者／经理）		
薪酬：工资（雇员）		
薪酬税收		
专业费用：会计		
专业费用：法律		
专业费用：其他		
房租		
订阅		
用品：办公		
用品：经营		
电话		
公用事业		
其他		
每月总费用		
若干月所需要的费用		营运资金
营运资金所需的总启动资金：		
贷款金额（按80％全面启动）		

4.4 案例研究：丢失面料的成本

设计师伊迪·罗伯茨是一位成功的家纺产品设计师，也是伊迪家纺公司（Edie@Home）的设计师。在加入伊迪家纺公司之前，伊迪曾是罗伯茨和多蒙德（Roberts & Domond）家纺产品公司的共同所有人。罗伯茨和多蒙德最初的愿景是提供精美的高档家纺产品，如餐垫、餐巾、桌布、枕头等。他们的早期设计是带有绳索饰边的刺绣真丝面料枕头。当伊迪和她的搭档收到ABC地毯家纺公司的第一笔订单时，他们感到很激动，总共订购了100个绣花绳饰枕头。由于这两个合作伙伴无法按零售商要求的交货日期生产枕头，因此他们在纽约唐人街找到了一家信誉良好的缝纫厂来缝制枕头。工厂经理建议，将面料和辅料组件运到附近的裁剪作坊先裁剪。伊迪和她的搭档很高兴，如果工厂及时送上100个枕头，就能赚到55%的目标毛利率。

伊迪在罗伯茨和多蒙德家纺产品公司成本表中输入了枕头材料的批发成本，加上人工和毛利率。详细信息如下：

- 每个枕头需要绣花面料0.5yard（0.5m）。1yard面料的成本为15.00美元。
- 每个枕头需要绳饰1.75yard（1.60m）。1yard辅料的成本为3.00美元。
- 每个枕头需要1个鹅绒内衬。每个价格为5.25美元。
- 每个枕头需要1条12in（30.5cm）的金属拉链，价格为0.75美元。
- 每个枕头需要1个机织标签。每个标签价格为0.50美元。

伊迪订购了面料和绳带，并安排将两者都运到裁剪工厂的仓库。裁剪工厂报价每个枕头1.25美元，以裁剪布料和绳带。

伊迪订购了拉链和枕头内衬，并且都已运送到缝纫厂的仓库中。

伊迪从缝纫厂经理那里得到了一个缝纫和后整理报价，每个枕头8.00美元，其中包括人工和线料。

伊迪和她的助手自己将标签送到了缝纫厂，并告诉工厂经理，他们将开车回去，等生产完成后，会用自己的汽车运回枕头。完整的生产成本表，如表4-7所示。

在接下来的10天中，伊迪收到确认所有材料已到达裁剪和缝纫工厂的确认信息，并告知她生产已经开始，枕头应在4天内完成生产。

两天后，伊迪接到缝纫厂经理的电话，他说："我没有足够的面料，要寄更多的面料来，这样我们才能完成工作。"伊迪无法理解他们没有足够的面料，而面料供应商表示他们已完成了订单的运送。这是昂贵的丝绸面料。伊迪再次检查了数学运算，发现她已订购了50yard（45.72m）的布料，该布料正确无误。伊迪不确定面料供应商是否装运了足够的码数。如果他们完成了发货，那么是否全部都送到了裁剪工厂的仓库？如果是这样，是否会在裁剪工厂和缝纫工厂之间的途中丢失呢？不过，缝纫厂经理坚持要她发送更多的面料，以便他们完成生产。为了确保将枕头订单及时交付给ABC，伊迪让面料供应商将另外的25yard面料连夜运到裁剪工厂的仓库。

表4-7   案例研究：枕头成本表

基本生产成本表					
日期：01/20/2000		公司：Roberts&Domond			
款式代码：105		季度：2000 春			
尺码范围：16in × 16in		款式描述：绣花"漩涡"枕头			
面料：绣花丝绸面料					
面料	估计用量	单价（$/yard）	估计成本（$）	估计总成本	款式图
面料1：100% 丝绸	0.5	15.00	7.50		
面料2：					
运费：			0.50		
				$8.00	
辅料	估计用量	单价（$/yard/gr/pc）	估计成本（$）		
辅料1：绳	1.75	3.00	5.25		
辅料2：12in 金属拉链	1	0.75	0.75		
辅料3：					
运费：			0.25		
				$6.25	
物料	估计用量	单价（$/yard/gr/pc）	估计成本（$）		
物料1：鹅绒内衬	1	5.25	5.25		
物料2：织物标签	1	0.50	0.50		
运费：			1.00		
				$6.75	
生产过程	直接人工	临时合同用工	合同计件	估计成本	
裁剪：			1.25	$1.25	
缝制：			8.00	$8.00	
后整理：					
唛架 / 放码：					
				$9.25	
总直接商品成本				$30.25	
		目标毛利率（%）	100%–MU%	毛利	
		55	45	$36.97	
批发价格				$67.22	
		目标毛利率（%）	100%–MU%	毛利	
		50	50	$67.22	
零售价格				$134.44	
制造商建议零售价格（MSRP）				$135.00	

连夜送货的运费为135美元。三天后，伊迪和她的搭档收到了枕头，当晚亲自在展厅检查并贴了标签，并于第二天将枕头按时交付给零售商。

面料发生了什么差错是一个谜，直到一个月以后，伊迪参观了唐人街的另一家工厂，并在货架上看到了与其丢失的面料一样美丽的绣花真丝面料。伊迪问工厂负责人，"这种面料是从哪里来的？"主管告诉她上个月她是从附近的裁剪承包商那里购买的，她经常向他们购买剩余面料。而且她查询并告诉伊迪购买的日期。这个日期正好是面料被送到仓库的那天。是裁剪承包商搞错了，还是发生了偷窃？

当时伊迪感到震惊和沮丧，她在时尚界拥有超过15年的经验。承包商的错误或盗窃给公司造成了利润损失。她提到，从最初的100个枕头订单中学到了许多成本核算的教训。从那时起，她修改了成本表中的数据。

讨论问题：

- 思考为什么伊迪·罗伯茨购买了另外25yard来完成订单，并将面料连夜发货。
- 计算罗伯茨和多蒙德家纺产品公司完成订单花费在每个枕头上的面料成本。
- 确定每个枕头的新总成本。
- 计算合作伙伴收到ABC的枕头订单付款后所获得的总净利润和批发毛利率。
- 伊迪从这第一个100个枕头的订单中学到了什么教训，从那时起她可能会通过哪些方式来调整成本？
- 信任、错误和欺诈可以成为成本表中的成本项目吗？

如果一家担心出现类似情况的公司，决定派出代表进驻工厂，那将如何影响成本？

4.5 总结

除了与服装生产无关的材料、人工和运输成本外，还有许多与成本有关的因素。必须考虑所有的业务费用，并将其计为成本因素。将所有支出作为成本因素，以确保销售价格能够涵盖所有支出。这些成本因素分为直接成本与间接成本以及固定成本与可变成本。

直接成本是可以列出并计算的有形产品、服务或费用项目。间接成本很难计算，因为间接成本对所有生产和销售的服装做了贡献。它们与生产流程、工序有关，其支出可以使所有产品生产受益，对于企业的日常运营而言，是必不可少的。间接成本在一定时期后汇总。间接成本也可以通过将所有直接成本和间接成本相加，然后减去该时期内花费的直接成本来确定。

固定成本不会随月份或订单而变化。如办公室和仓库的租金、工资、水电费以及开展业务所需的其他成本。固定成本大部分是定期发生的间接成本，必须将其保持在尽可能低的水平，以免蚕食利润。可变成本因季节和订单大小以及服装款式或产品的复杂性而异。与直接成本相似，它们涉及的材料和资源，如自由职业者和兼职人员、面料、辅料、运输、电力等。保留可变成本清单，对计算用于所有成本表的间接成本率至关重要。

本章回顾与讨论

1. 讨论间接成本与直接成本之间的差异，并分别提供三个示例。
2. 讨论固定成本与可变成本之间的差异，并分别提供三个示例。
3. 当订购更多库存时，哪种成本增加？
4. 公司可以在哪些方面削减成本？举三个示例。是间接成本、直接成本、可变成本还是固定成本？
5. 在海外进行服装生产和制造的利弊是什么？
6. 使用空运和海运从国外运输产品时，主要利弊是什么？

活动与练习

1. 根据表4-8所示的数据，针对两种业务场景，分析成本因素，并比较两种业务场景下的间接成本率。

表4-8 可变成本与固定成本，直接成本与间接成本计算表

成本	金额	说明
可变成本		
自由职业者	25 美元 / 小时	成本随员工的技术水平和速度而变化
季节性兼职者	15 美元 / 小时	成本随季节性用工变化
固定成本		
仓库租金	3000 美元 / 月	成本不会随月份变化
工资	30000 美元 / 月	成本不会随月份变化
直接成本		
缝制人工	3.00 美元 / 件	成本随订单数量增加而增加，减少而减少
裁剪人工	3.00 美元 / 件	成本随订单数量增加而增加，减少而减少
间接成本		
访问工厂	5000 美元 / 次	如果需要额外的访问，成本会增加
样衣	20.00 美元 / 件	如果需要额外的样衣，成本会增加

业务场景1:

一家公司决定在纽扣男式衬衫上增加一个刺绣口袋。需要雇佣一名自由职业者,每月的每一周工作40小时。雇佣一名季节性兼职人员,每周工作20小时。生产1000件这样的衬衫。走访一次绣花工厂,发送三件样衣供批准。间接成本是多少?

业务场景2:

在分析与增加口袋相关的成本之后,该公司希望知道将数量增加到2000件,将如何影响间接成本。如果数量增加到2000件,间接成本是多少?

2. 在自己的衣橱里看看,拿出在本国买的两件服装。检查这些服装的标签并找到原产地。阐述来自原产地每种产品的全部行程,计算该产品从运到本国商店到你购买该产品整个过程的累积成本。

3. 假设你是一名针织商,你有一种意大利制造的畅销款式。这款服装最初被认为是一种时尚款式,相对于计划基本款大批量生产而言,只安排了中等数量的生产。现在需要尽快再次订购该款服装,但在意大利的工厂无法及时交货。为了保持销售势头,需要快速重排生产并在两个月内发货,你能想到哪些其他选择?

关键词

人工清单 BOL(bill of labor)	固定成本 fixed cost
物料清单 BOM(bill of materials)	间接成本率 overhead percent

第5章 作业成本法与产品开发成本核算

5.1 作业成本法

作业成本法（Activity-Based Costing，简称ABC法），是一种成本核算方法，通过该方法将货币性支出分配给每项直接生产活动和间接生产活动。它不同于按间接成本率简单计算间接成本的方法。ABC法将每个间接活动、任务和成本归集到相应的成本类别。如果可以将每项活动或费用进行分类，各个成本项目在成本核算和管理方面具有更高的精确度和准确性。ABC法需要采集大量数据和耗费更多时间，比较复杂、费力，而且容易造成混淆。与计算一个涵盖内容很多的间接费用率不同，所有成本项目都将单独跟踪和计算成本。因此，许多服装公司认为，成本数据的采集过于注重细节，并且很耗时。偶尔有些对ABC法感兴趣的企业，会尝试使用该方法，但当他们感受到成本项目划分的详细程度时，又会放弃该方法，回到间接成本率的计算方法。

ABC法需要将许多活动、作业、任务细化到以分钟计，并将其除以总的间接成本、行政费用及工资成本，以获得单位作业成本。由于ABC法具有充分的透明度，可以核算真实成本。但是，如上所述，由于跟踪每个活动需要花费时间和精力，因此许多人不愿使用这种成本核算方法。他们认为，ABC法付出的代价超过了所获得的成本透明度和价值。下面详细讨论ABC法的内容。

ABC法将成本分配给生产过程中所有类型的活动，而这些活动，并没有列在传统成本表上，也不一定列在间接成本跟踪表上。物料搬运、生产新产品的机器调试以及维护和维修设备之类的活动，都是生产过程中发生的活动，而这些活动在成本表中通常被省略。这些活动的成本都是间接成本，ABC法将这些活动细分为专业活动，并将其列入活动池，以此分配活动成本。所有类型费用将被划分为若干活动池或活动组，活动池又进一步细分为专业活动，在一件产品上分配的专业活动成本由每件产品消耗活动的次数或者消耗活动的小时数决定，每个专业活动分配的成本等于完成每件产品消耗活动的次数或者消耗活动的小时数乘以设备或人工费用率。

按ABC法，生产300条牛仔裤，材料处理费用是90美元，也就是说，为了生产这批牛仔裤，仅在面料处理活动上，每件额外花费了0.30美元的间接成本，如表5-1所示。

表5-1   活动池成本计算示例

牛仔裤 KRV-1111 材料处理活动池成本计算				
活动池	专业活动	时间（T，小时）	费用率（R，美元 / 小时）	成本（$T \times R$）
材料处理	接收原材料	0.75	15.00	11.25
	原材料检查与存储	1.5	18.00	27.00
	物料搬运 / 拉动	0.75	15.00	11.25
	排料	2.25	18.00	40.5
	活动池总成本 / 款			90.00
	单位成本（对于 300 件）			0.30

货币价值的计算不仅是针对材料处理，还包括活动池及每项活动，所有这些价值都可以添加到专业成本表中。这些活动池通常与生产制造有关，包括材料处理、生产线设置、设备维护和修理、软件和信息技术、质量控制、管理和支持人员。在这种成本计算方法中没有设置其他成本项目。

当材料和直接人工成本降低而利润仍然很低时，一般会采用ABC法进行分析。利润率比较低的原因通常是间接成本远大于直接成本。ABC法提供了与生产特定产品相关的每个类别活动的详细信息。ABC法可以挖掘间接成本数据，在一些不太引人注意的地方，为公司提出削减成本方案，从而帮助公司增加利润。对于大多数公司，仅在某些情况下，或者需要详细信息、时间和人工时，才会用到ABC法。

应用ABC法，公司可以看到每类活动花了多少钱，并可以真正找到在哪里可消除大部分的隐含成本。由于更容易预见间接费用和间接成本，公司则可以削减导致产品价格损失的活动池。

5.2   产品开发和样衣制作

ABC法常用于分配制造费用。但是产品开发费用也很重要，该费用在成本表上经常被忽略。这些费用通常发生在其他城市或国家而不是在生产上，如果将这些费用归类为间接费用，则很难发现这些费用对产品价格的实际影响。产品开发团队包括设计师、采购员、产品开发人员、样衣师和采购人员。这些团队成员的薪水通常很高，而且他们经常订购和购买许多面料样品、辅料和配件，这些费用很少分配到成本表上。产品开发和设计团队需要经常旅行，以获得灵感、进行市场调研、寻找和购买服装，需要订阅线上或线下流行趋势服务，还有他们花费在创建灵感板、技术包和工作表上的时间。同样还有样衣生产。尽管大多数公司为实现快速上市，试图生产尽可能少的样衣，但是由于样衣生产通常是在遥远的工厂，必须将这些样衣包装好，运送给产品开发团队，进行批板、试身和修改，这些需要消耗时间和人力，而且需要花费更大的国际航班来回运送样衣。

产品开发决策影响着成衣或产品价格的70％，而这些重要且昂贵的研发费用通常是成本表中所省略的活动。当一家公司计算其全部产品开发成本，然后在每个成本表上列入产品开发的成本或占比，以涵盖这些开发费用时，称为产品开发加载。产品开发加载是一个减振器，有助于吸收所有产品开发的费用，也包括所有开发但未纳入生产线的样衣和原型。

产品开发成本是可变成本，如第4章所述，可变成本是随季节、订单大小和款式的复杂性而增加或减少成本项目。如前所述，产品开发成本是可变成本的例子，也可作为间接成本的例子。

产品开发人员或设计师，无论经验如何，都必须谨记，在设计和规划过程早期就要保存完整的记录，以便计算所有开发成本并降低产品开发成本。如果没有适当的预算，产品开发成本很容易（并且很普遍）膨胀为大笔数字，从而吞噬利润。从趋势研究到采购样衣、面料和辅料以及技术包工作，每个项目都包含在产品开发成本中，并在产品开发成本跟踪表上作为成本项目列入。产品开发总费用除以每年或每个季节生产的平均服装数量，计算出每件服装的研发成本。假设一家公司平均生产40款，每款300件，每年生产12000件。如果他们的产品开发费用平均合计10000美元，则应在每件服装成本中列入1.20美元的开发费用。回顾一下传统的成本表，可以发现产品开发成本不存在。因为开发成本很高，许多公司的利润正在下降，在这种情况下，许多公司开始将产品开发成本列入成本表。当公司将产品开发加载到成本表时，成本表中就显示出了一项以往不透明的巨大费用。

5.3　产品开发成本估算

设计师在首次创建财务工作表时面临的一个挑战是，大多数成本是估算或预测的。产品开发小组需要多少小时来发送电子邮件和预约面料？一款服装需要花费几个小时来编写试身报告并将照片上传到Excel技术包中？无论在产品开发成本跟踪表中加入多少详细信息，许多活动都无法分配到一个特定的款式中。例如，参加趋势发布会或贸易展览研讨会，其获得的信息可用于开发、指导各种不同的款式和交付方式。

第一次跟踪产品开发，可能很耗时。对于新设计师来说，在开始流程之前检查产品开发成本似乎是没用的，但如果不仔细查看所有成本，支出很容易变得失控。在第一个季节之后，基于过去的产品开发财务跟踪信息，可以轻松估算出产品开发成本。

在执行了初步的产品开发成本表之后，更容易看到可以控制支出的地方。例如，可以计算纽约生产的样衣成本。在看到与此相关的巨额成本之后，产品开发流程的某些部分可能会外包。这些决策不仅基于成本，而且基于时间和质量来权衡。询问任何经验丰富的设计师，他们都会建议去工厂，并且如果设计师能够亲自与板师和缝制工人见面，对样衣制作会更有效率。

再次强调，如第4章所述，所有成本必须在成本表中列出。运送面料、辅料和配件到样衣室的费用，还有访问费用，这只是计划产品开发时需要考虑的一个方面。通常，这些设计、计划和产品开发成本是成本表上间接成本中占比最高的成本项目。如表5-2所示，加入了产品开发成本项目，

表5-2　加入产品开发成本的传统成本表

传统成本表					
日期：		公司：			
款式代码：	样衣代码：	季度：			组别：
尺码范围：	样衣尺码：	款式描述：			
面料：					
面料	估计用量	单价（$/yard）	估计成本	估计总成本	款式图
面料1：					
面料2：					
运费：					
辅料	估计用量	单价（$/yard/gr/pc）	估计成本		
辅料1：					
辅料2：					正面图
辅料3：					
运费：					
物料	估计用量	单价（$/yard/gr/pc）	估计成本		
物料1：					
物料2：					
运费：					
人工	直接人工	临时合同用工			
裁剪：					
缝制：					
后整理：					
唛架/放码：					
商品直接估计成本					
代理佣金率（%）					
运费估计					
关税税率（%）					
清关费用率（%）					背面图
本地运费					
产品开发成本					
其他成本总计					
LDP/DDP的估计成本					
批发毛利		目标毛利率（%）	100%−*MU*%	毛利	
批发价格					
零售毛利		目标毛利率（%）	100%−*MU*%	毛利	
零售价格					
制造商建议零售价格（MSRP）					

是一个计算产品开发成本并加入成本表中的示例。

5.4 产品开发成本

5.4.1 调研

各个层面上一手资料和二手资料调研是必不可少的，以下是不同类型的调研：

- 趋势和颜色研究，媒体订阅。
- 创建灵感板和趋势板。
- 竞争性市场研究以及与竞争对手有关的相同点和差异点分析。

5.4.2 趋势分析服务和颜色预测

趋势分析服务和颜色预测取决于公司的规模与资源，设计师可以订阅或访问趋势预测公司。举几个例子，WGSN、Peclars Paris 和 Fashion Snoops 等都是基于订阅的数据库，其中包含灵感板、宏观和微观趋势信息、配色建议、款式图等。这些服务需要花费数千美元，但有巨大的价值。在使用这些数据库后，可以保证品牌能紧随行业趋势，也就意味着更有机会满足客户的需求。

这些订阅费用是产品开发成本，必须在产品开发成本跟踪表上显示。

> 哈克：图书馆和大学拥有大量信息。与其雇用自由市场研究人员，不如尝试访问母校或当地图书馆，查看可用的趋势数据库。建议的数据库包括 WGSN、Euromonitor、Peclars Paris、Fashion Snoops 和 WWD。

5.4.3 设计

不是所有设计都有同样的机会投入生产。每个设计都有不同的信息，通过分析总成本，有助于做出削减那些成本过高款式的决策。在进行设计时，可以应用产品开发成本跟踪表，从以下几个方面考虑：

- 生产线调整时间、成本、交货时间、起订量、板型、美感、合适性等。
- 面料和辅料的采购、订购、接收、记录和归档样衣。
- 花费在寻找印花、打板工厂以及在 Photoshop 中重新配色的时间。
- 花费在记录、评论以及核印花样、色样和纺织品设计的时间。
- 花费在创建和上传插图或 CAD 款式图以进行产品开发的时间。
- 花费在创建技术包和面料、辅料、物料信息的时间；关键缝制指导插图与工艺细节描述时间；编制尺码规格表和包装要求的时间。
- 花费在接收、评论以及批准服装样衣和结构细节的时间。
- 花费在修改设计和结构细节（当价格过高和简化设计时，如用假口袋或更少的接缝可以降低服装价格）的时间。

5.4.4 计算机辅助设计师、产品开发人员和技术包

这部分费用，取决于公司的规模和预算。如果使用了CAD款式设计软件和PLM程序，这些软件费用就要列入产品开发成本表中。

在计算成本时，样衣成本常常被低估并记录不足。在创建设计和技术包的同时，要采购样衣面料和辅料。该采购可以由设计师或产品开发人员在本地完成，也可以外包给海外代理商或工厂。批核染色面料和辅料配色小样，批核样衣质量，以及批核洗水、吸湿、起球等性能，所有这些活动，都要列入产品开发成本。由于设计师、采购代理商和工厂人员的评语要通过电子邮件发送，并随着面料和物料的来回运送而更新，这些批核过程通常需要花费数周时间。由于需要花费较长时间去完成所有组件和款式设计，要将成本分配给这些设计活动是很难的，但估算这些设计活动的成本，对了解产品开发间接成本还是有益的。

面料和辅料批准后，要及时制作样衣，以获得预期的合身板。因为所有样衣都要经过设计师和技术团队测量尺寸、试穿和批准，这个过程同样需要花费数周时间。与款式设计和合身板制作相关费用列入成本表中，会是一笔巨大的费用，这些费用也应列入产品开发成本追踪表中。

在样衣开发过程中，许多样衣可能由于美观、成本、买家缺乏兴趣或其他一些缘由，最后会被取消，在计算产品开发成本时需要考虑这种情况。这些被取消的样衣，已经花费了产品开发团队大量的时间，其产生的成本与未取消的样衣成本有关（这些样衣要么是替代被取消的样衣，要么是保留下来的样衣）。

此外，如果公司雇用了自由职业者或外包的技术设计师、产品开发人员、销售商、试衣模特或其他监督流程的人员，这些可变的自由职业者费用也必须列入产品开发成本跟踪表中。

产品开发的成本列表、计算、检查以及产品开发计划、产品设计成本令人大开眼界。服装产品开发成本不太显眼，但通常是公司的最高间接成本，如果产品开发人员和设计人员更加注重开发决策，产品开发成本将成为降低费用的关键因素。为了正确记录产品开发成本，公司需要考虑这些成本发生的时间周期。例如，设计师可能会列出价值2000美元的季度市场调研行程（计算出该行程会影响500款服装），而生产经理列出价值2000美元一年两次的工厂走访行程。在这个示例中，没搞清楚设计师季度调查需要多长时间，生产经理在工厂访问期间会调查多少款式。产品开发成本计算还不是一个完美的系统，但是，制定具体的工作指南，有助于取得最接近的费用估计，以及如何将这些费用与每件服装联系起来。

5.5 总结

ABC法是一种成本核算方法，它为每个生产活动和间接活动分配费用。此方法不同于将所有费

用按间接成本率计算的初步算法，在成本计算需要额外时间和精度的情况下，会使用ABC法。

产品开发成本和样衣生产是生产流程中的一个步骤，尽管产品开发做出的决定会影响服装产品价格的70%，但在成本表中经常会被忽略。公司可以在成本核算过程中加载产品开发成本项目，跟踪产品开发支出，在经过首季调整后，知道了这些成本的特性，该方法将得出更准确地成本预测。

第一手资料和第二资料的研究以及应用画板或CAD软件的设计等活动都要列入产品开发成本中。同样，完成了全部过程的样衣以及公司花了钱但最后被取消的样衣也都要列入产品开发成本中。在取消的样衣中，自由职业者也参与其中。所有这些活动的支出都必须记录下来。

在全公司范围内，公开讨论时间需求是非常重要的。从事服装行业，时间管理是关键。

本章回顾与讨论

1. 为什么许多公司研究了ABC成本核算方法，然后决定放弃该方法？

2. ABC法的优点和缺点是什么？

3. 为什么产品开发成本经常成为公司间接费用的最大成本因素？

4. 为什么许多公司开始将产品开发费用载入其成本表？

5. 如果你拥有一家公司并想雇用一个新职员来处理成本计算，你会在WWD.com或BOF.com的广告中列出哪些资格？为招聘一名经验丰富的成本核算经理撰写一个广告。

6. 为什么有些款式会被取消或从生产线上撤下来，这对成本计算有何影响？

活动与练习

1. 列出8～10项产品开发人员所从事的任务或活动，这些活动没有列入传统成本表。讨论为什么它们没有出现在成本表上。

2. 表5-3所示为样衣开发成本项目及成本。计算一个季度的产品开发总费用。

表5-3　样衣开发成本

类别	项目	数量	单位	单价	小计
调研					
	时装秀	1	季度 [*]	2000 美元	
	趋势分析数据库	1	年	10000 美元	
	自由职业者市场调查趋势分析报告	1	月	3000 美元	
	灵感板	1	版	100 美元	
设计					
	技术包	1	月	1000 美元	
	面料及辅料批核	1	月	1000 美元	

续表

类别	项目	数量	单位	单价	小计
	试衣评语	1	月	1500 美元	
	设计评语	1	月	500 美元	
样衣制作					
	国内样衣制作	1	样衣	100 美元	
	购买店铺样衣	1	样衣	20 美元	
	访问工厂	2	年	5000 美元	

注　*指一个季度，即3个月。

3. 根据表5-3所示，如果生产2000件服装，估计产品开发成本是多少？如果生产900件服装，估计产品开发成本是多少？生产4000件服装呢？从表5-3中可以看出，产品开发和设计团队使用了许多资源来进行调查、创意和采购。从数量和项目而言，如何影响产品成本？

关键词

作业成本法　ABC（activity-based costing）　　*产品开发加载*　product development loading

第6章 目标市场与自有品牌定价

将全部产品作为一个整体进行思考，与分析每个产品的成本同样重要。在规划产品组合时，需要考虑下面一些战略性问题才能实现盈利：主打产品与时尚产品有很好的组合吗？产品组合的价格范围是多少？全部产品组合提供多少种颜色？制造工艺太多会增加成本吗？有很多问题需要提出来并找到答案，这有助于减少不必要的支出。只有确定了目标顾客，这些问题才能找到答案，而最具战略性的问题是：价格范围对选定的目标市场有效吗？下面探讨目标市场如何影响服装的成本和零售价格。

6.1 确定目标顾客

在选择定价策略之前，确定目标顾客很重要。开发产品时，需要清楚目标市场或目标顾客。目标顾客是打算使用或穿戴企业产品的消费者，公司的最终目标就是让目标顾客购买、使用和穿戴企业的产品。

从收入水平、年龄范围、宗教信仰、态度、购物行为和地理位置等方面入手，研究市场（或顾客群）。在此基础上，制定产品组合，开发产品，开展促销推广，吸引目标顾客群。

为什么在估算产品成本时了解顾客很重要？这是因为只有确定了目标顾客为取得产品愿意支付的价格，才能规划、选择材料、工厂和流程，生产出符合顾客预期价格的产品。顾客愿意支付的价格取决于他们的年龄、收入水平、购物方式和地点。通过人口特征、心理特征和地理区域对顾客进行识别，有助于企业按目标顾客愿意支付的价格开发产品。因此，收集有关目标顾客购买习惯的信息，可以缩小企业定价策略的选择范围。例如下面一些问题：

- 目标顾客在哪里购物？
- 他们愿意为不同的产品支付多少费用？
- 他们期望的质量是什么？

要知道，人口特征、心理特征和地理区域只讲了营销故事的一部分。尽管顾客可能会对时尚或潮流商品讨价还价，但也会为手袋、鞋子或服务支付更高的价格。对潜在顾客进行调查有助于了解一些未知因素，并知道目标顾客在各种不同产品上所关注的无形价值。

6.2 选择定价方式

不同品牌根据其目标市场和品牌价值，使用不同的定价策略。产品的售价必须与公司的形象一致。设计师品牌的定价彰显奢华和地位，顾客对价格水平的期望很高。许多公司将价格策略写入其促销口号中，建立起了稳定的定价区间，并与品牌形象保持一致。例如，"始终低价"是沃尔玛（Walmart）用了19年的促销口号，而现在他们的口号是"省钱，活得更好"，传递出的信息是：他们的目标顾客对价格敏感，总是寻找便宜的产品（Mui & Rosenwald，2008年）。在线搜索"Huffington Post，Walmart slogan"，可阅读全文。古驰（Gucci）的口号是"忘掉价格之后，质量才是长久的"，提供了另外一个完美的示例：他们的定价策略是满足奢侈品顾客的需求。在探讨不同的定价策略之前，先探讨一下价格与价值之间的关系。价值和价格与质量有关。顾客愿意接受快时尚产品的低质量，是因为价格也很低。顾客愿意为奢侈包支付很高的价格，是因为顾客期望这种包是一种投资品，或者可以终身受用。高端设计师产品在顾客心目中具有很高的价值。下面详细讨论定价策略。

6.2.1 地位定价或溢价定价

地位定价或溢价定价适合更富裕或有抱负的目标顾客。如前所述，零售价格在顾客心目中通常等于质量。因此，必须采用特定的价格才能在奢侈品市场上竞争。地位定价或溢价定价包括传统成本表中的所有直接成本，以及很大的间接费用率，用于支付商店的高租金，以及通常成本很高的营销和广告活动。举几个定价较高的品牌案例：巴宝莉（Burberry）、古驰、普拉达（Prada）等。尽管这些商品是许多购物者想要的产品，但这些品牌的大多数商品出售量不会太大。使用此策略的品牌和零售商，会采用很高的毛利率，以支付其租用享有盛誉地区的租金和高端营销活动的开支。

6.2.2 渗透定价

渗透定价典型的应用场景是：新产品试图抢夺竞争对手巨大的市场份额，以低于竞争对手的价格定价，希望能够以高销量弥补价格损失。渗透定价包括传统成本表上的所有直接成本，但毛利率要低很多。塔吉特（Target）、亚马逊和沃尔玛都采用了渗透定价策略。一些零售商刚开始采用渗透定价，但随着顾客接受零售商低价形象后，便会慢慢转向另一种定价策略。在不引起顾客注意的情况下，零售商会逐渐提高价格并获得更大的利润。

6.2.3 竞争定价或市场定价

品牌采用竞争定价或市场定价的方法定价，其价格与市场上其他类似的零售商和品牌非常接近，而且价格范围相同。他们以其他类似的销售商品为基准，并在此范围内定价。这种定价策略让公司只能通过产品竞争而非价格竞争，进入相当饱和的类似产品（如牛仔裤）市场。品牌可以在其产品组合中针对特定产品使用此策略。例如，李维斯（Levi's）对其经典501牛仔裤采用有竞争力的价格，而对新的潮流产品，可能会采用高—低定价策略（见后面）。采用富有竞争力市场定价的品牌，其毛利率会略高于双倍成本定价。

6.2.4 高—低定价

高—低定价适用于百货商店。开始设置一个高价格，并在随后的几天、几周和几个月的时间内，逐步打折。该策略之所以有效，是因为顾客已经适应了在特价销售时购买。购买特价商品会让顾客有一种"获胜"的感觉。如果某件商品折价50%，那么顾客会认为他们得到了很多优惠，然而，这是高—低定价策略让顾客获得的一种错误的满足感。百货商店通常会在商品第一次放到销售点后的17~19天内降低价格。当这些折扣商品上架时，额外折扣会添加到成本表中。零售商会在成本表中添加折扣成本项目，即使服装打75折，仍能获得利润。

6.2.5 每日低价

每日低价是沃尔玛一个完善的定价战略，与高—低价格策略相反，零售商没有玩"促销游戏"，而是给出了最低的价格，当然还会有利润。其经营理念是：大部分顾客会购买，而且会购买数量可观的产品组合，公司不会从出售单个物品中赚取大笔利润，而是从出售数量可观的产品组合中赚取稳健利润。这种策略建立了顾客的忠诚度，并给出了顾客不需要进行调查比较的感觉，因为零售商始终提供最低的价格。例如，在所有销售卫生纸的竞争对手中，沃尔玛价格最低，但牛奶的价格略高，最低价格会在零售商宣传单、报纸、优惠券中进行推荐。沃尔玛认定，顾客不会为了选择最低价格的商品而往返不同的零售商，反而会接受本店其他一些定价较高的商品。

6.3 研究竞争对手价位

在选择定价策略时必须考虑许多因素，如定价区间、销售价格。分析竞争对手的价格对于保持竞争力至关重要。收集5~10个竞争对手名单，并将它们放在感知地图上，如图6-1所示。这是一种识别顾客对不同品牌感知的工具，是根据市场中价格和质量两个维度来识别空白市场的一种方法。

图6-1 流行品牌的感知地图

6.4　确定目标市场成本

前面从识别顾客价格需要和竞争对手定价策略两方面，研究了不同的定价策略。接下来进一步挖掘如何编写和调整成本表。成本表是一份工作文件。从上到下，所有成本项目，从材料、人工、直接成本和间接成本都要填写。如果成本太高，就要自下而上地分析和调整这些数据。如果批发和零售的毛利率过高，最终定价会大大高于目标市场价格，这也需要调整成本表。回顾成本因素，有些地方的成本可以削减或降低。生产经理、产品开发人员、设计师或成本经理需要逐项成本检查，可以采取以下措施：减少服装中的接缝数量、使用较轻或较便宜质量的面料、选择在更便宜的国家或工厂生产。以上这些措施只是削减成本的部分因素和方法。除了这些措施，还要知道目前产品开发处于哪个阶段。对成本的修改，有一种很普遍的现象：参加成本会议，手上拿着成本表，检查样衣成本，然后简单地划掉和修改成本表中的成本项目，如表6-1所示。这就是成本目标驱动的产品调整（更多内容参见第8章）。

表6-1　编辑和修订生产过程中成本表示例

生产成本表					
日期：03/2021		公司：KRV 设计			
款式代码：1000	样衣代码：200	季度：春一		组别：维多利亚女装上衣	
尺码范围：XS ~ XL	样衣尺码：M	款式描述：前身荷叶边长袖纽扣衬衫			
面料：14mm 丝绸 CDC					
面料	估计用量	单价（$/yard）	估计成本（$）	估计总成本	款式图
面料：丝绸 CDC	~~1.5~~ 1.3	~~6.98~~ 6.41	~~10.47~~ 8.33		
里料：黏合衬	~~0.2~~ 0.15	~~1.99~~ 1.89	~~0.40~~ 0.28		
				$8.61	
辅料	估计用量	单价（$/yard/gr/pc）	估计成本（$）	估计总成本	
辅料 1：前中 18L 纽扣	8	0.01	0.08		
辅料 2：袖克夫 14L 纽扣	~~4~~ 2	0.01	~~0.04~~ 0.02		
				$0.1	
物料	估计用量	单价（$/yard/gr/pc）	估计成本（$）	估计总成本	
物料 1：线	0.026	8.00	0.21		
物料 2：标签	1	~~0.50~~ 0.48	0.48		
物料 3：吊牌	1	0.75	0.75		
运费：供应商到工厂				$1.44	正面图
人工	国家	直接人工（$）	临时合同用工	估计总成本	
裁剪	中国	~~1.55~~ 1.45			

续表

生产成本表				
人工	国家	直接人工（$）	临时合同用工	估计总成本
缝制	中国	~~4.95~~ 4.55		
后整理		0.40		
唛架／放码		0.75		
				$7.15
商品总成本				$17.30
代理佣金率（%）	5	0.87		
运费		~~1.00~~ 0.55		
关税税率（%）	7	1.21		
清关费用率（%）	2.5	0.43		
本地运费		~~1.00~~ 0.35		
LDP/DDP 价格				$20.71
	A	B	C	D
销售价格	$38.00	$42.00	$44.00	$46.00
净利润（销售价格 − 成本）	$17.29	$21.29	$23.29	$25.29
净利润率（%，净利润／销售收入）	45.50	50.69	52.93	54.98

背面图

当然，如果已经购买了大量生产面料或安排了订单，再对成本表进行大的更改就为时已晚。由于这些原因，在产品开发初期，就要进行生产前成本核算，梳理成本表。

6.5 价值导向与成本导向定价

目标顾客和定价策略决定了目标零售价格，而目标零售价格与成本相关。根据产品是否贴有知名品牌或未知设计师的标签，决定目标顾客接受的零售价格水平。如果一个知名品牌保持低成本和高毛利率，那么这个品牌就使用了价值导向定价。价值导向定价，指首先确定预期的零售价格，然后从该价格倒推确定产品的成本，如图6-2所示。

图6-2 价值导向定价

相对应的另一种方法是成本导向定价，如图6-3所示。首先从产品的实际成本开始，然后在成本中增加毛利，得到零售价格，并希望这个价格能吸引顾客。

图6-3　成本导向定价

一些不知名的设计师在与知名品牌竞争时，可能会设定低于竞争对手的价格目标。在这种情况下，他们将使用价值导向定价。

当公司决定选择价值导向定价时，可从顾客认可的销售价格开始倒推，确定材料的目标成本和相应的供应商。在直接成本因素中，面料占十分之九，是最大的直接成本因素。有一个确定材料成本值得借鉴的经验：材料成本=零售价格/8。这是因为，通常在服装业，如果服装销售渠道中有批发商，服装面料成本约为零售价格的八分之一，而人工、辅料和生产服务通常也占八分之一。

对于知道预期零售价的批发品牌，可以使用价值导向的成本核算方法，从所需零售价格开始，倒推来计算目标面料成本。例如，制造商或设计师计划开发新的儿童泳装。通过上网浏览并访问商店，研究目标顾客购买的其他儿童泳衣产品。结果发现，类似的泳装平均零售价为40.00美元。由于选择了相同的终端顾客为目标顾客，而这些顾客认可这个价格，只能大致选择相同价格范围以确保竞争力。因此，他们只能以相似的成本因素进行生产，以达到该零售价。

按40美元的零售价格出售泳衣，用倒推法，可以确定其他制造商支付的面料和辅料费用。首先计算批发成本。假设批发价格使用了略高于双倍成本定价的毛利率，批发价格计算如下：

$$R × （100\% - MU\%）= 批发价格$$
$$已知：零售价 = 40.00 美元，且 MU = 52\%$$
$$40.00 × （100\% - 52\%）= 批发价格$$
$$40.00 × 48\% = 19.20（美元）$$

我们可以假设在线商店或实体零售商从品牌生产企业处按每件价格约为19.20美元，购买了零售价格为40.00美元的泳衣。

为了使生产企业能够以约19.20美元的价格将服装出售给零售商，按照双倍成本定价，他们只能以大约一半的价格生产出服装。

$$批发价格 × （100\% - MU\%）= 直接成本$$
$$已知：批发价 = 19.20 美元，且 MU = 50\%$$
$$19.20 × （100\% - 50\%）= 直接成本$$
$$19.20 × 50\% = 9.60（美元）$$

因此，其他泳衣生产企业支付了约9.60美元（或9.00～10.50美元）的直接成本，从而以批发价19.20美元的价格出售该泳衣。

每件9.60美元直接成本，包括面料成本、辅料成本和人工成本。通常，材料是直接成本的一半或一半以上。在这种情况下，直接成本为9.60美元，因此可以估计，40.00美元泳装中所用的面料和辅料成本在4.80~5.00美元。

快速算法，将零售价格/8，如图6-4所示，得出材料估计成本，与前述方法得到相同的答案。

图6-4 双倍成本定价

$$40.00 \div 8 = 5.00（美元）$$

在知道某服装预期的零售价后，可以倒推，找出需要为类似服装支付的总材料成本。此信息有助于在最佳的价格范围内采购材料，以满足目标销售价格的需要。

如果一家工厂报价泳衣面料为每码4.00美元，而每件泳衣需要0.5yard（0.45m），那么每件服装面料的成本就是2.00美元，可以很有把握地判断，这个面料没有达到顾客认可的质量。如果某工厂报价某泳衣面料的每码价格为16.00美元，那么就需要从另一家工厂采购，因为每件泳衣8.00美元的面料成本太高。如果知道必须为每件泳衣支付4.80~5.00美元的总材料成本，那么可以假设面料的价格为每件3.50~4.00美元，辅料的价格为1.00~1.50美元。

每个品牌都必须艰难地做出采购和生产选择，以平衡成本、质量和感知价值。所有品牌都必须以顾客为中心，在确定目标销售价格时，必须涵盖全部的直接成本和间接成本，并加入足够的毛利，以弥补生产和分销过程中可能发生的任何未知成本。

6.6 自有品牌定价

当零售商出售的商品标签上带有零售商自己名称或独有品牌名称时，称为自有品牌。自有品牌商品有两种形式：第一种是大型零售商（如百货公司或专业连锁店）独家开发的产品组合，与其他批发商品牌或专有品牌（如在Macy's的Style & Co.）一起在其商店中销售。第二种是自有品牌零售商开发的自己独有的、完整的产品组合，在以其品牌名称命名的店铺销售（如Zara或Gap）。在生产自有品牌商品时，零售商采用更高的毛利率，因为无须支付批发商或中间商利润。

如第2章所述，批发商和零售商都采用了双倍成本定价。

直接成本 ×2= 批发价	批发价 ×2= 零售价
10.00×2=20.00（美元）	20.00×2=40.00（美元）

当零售商创建了自有品牌产品组合时，无论他们是直接与工厂合作，还是由专有品牌制造商来

生产这些产品，两个阶段的毛利都会减少为一个。零售商可以采用一个更高的毛利率，并且消除批发商的毛利。这样零售商能获得更大的利润，而顾客则获得了更优惠的价格。

在传统的批发定价中，如果一件商品的落地成本为12.00美元，先要使用双倍成本定价计算批发价，然后用同样的方法计算零售价。零售价为48.00美元，零售商毛利率为50%，零售商每件全价销售可赚取24.00美元。

> （零售价－批发价）÷零售价＝毛利率
> （48.00 － 24.00）÷48.00＝毛利率
> 24.00÷48.00=0.5
> 0.5×100% =50%

使用毛利率公式可以看出，两个阶段毛利率总计为75%。

> （零售价 － 落地成本）÷零售价＝毛利率
> （48.00 － 12.00）÷48.00＝毛利率
> 36.00÷48.00=0.75
> 0.75×100% =75%

在自有品牌制造和自有品牌定价中，零售商是设计师和产品开发人员，省去了品牌批发商的毛利，并增加了总毛利。与落地成本12.00美元相同的自有品牌产品，可以按零售价42.00美元零售，每件全价销售可为零售商赚取30美元，并将毛利率从50%增加到71%。

> （零售价－落地成本）÷零售价＝毛利率
> （42.00 － 12.00）÷42.00＝毛利率
> 30.00÷42.00=0.71
> 0.71×100% =71%

这使零售商每售出一件商品的收入增加了21%，而且这种方式有更高的竞争力、更高的利润率，这也是为什么自有品牌商品在过去的几年中快速增加的原因。

如表6-2所示为自有品牌成本表示例。自有品牌成本表与传统成本表相同，只是毛利项目不同。由于没有批发价，零售毛利直接加入落地成本中。毛利率随着款式和数量而变化，平均水平为55%～85%。

表6-2 自有品牌成本表（毛利只有一项，没有中间商毛利）

自有品牌零售成本表				
日期：		公司：		
款式代码：	样衣代码：	季度：		组别：
尺码范围：	样衣尺码：	款式描述：		
面料：				

续表

自有品牌零售成本表					
面料	估计用量	单价（$/yard）	估计成本	估计总成本	款式图
面料1：					
面料2：					
运费：					
辅料	估计用量	单价（$/yard/gr/pc）	估计成本		
辅料1：					
辅料2：					
辅料3：					正面图
运费：					
物料	估计用量	单价（$/yard/gr/pc）	估计成本		
物料1：					
物料2：					
运费：					
人工	直接人工	临时合同用工			
裁剪：					
缝制：					
后整理：					
唛架/放码：					
商品直接估计成本					背面图
代理佣金率（%）					
运费估计					
关税税率（%）					
清关费用率（%）					
本地运费					
产品开发成本					
其他成本总计					
LDP/DDP 的估计成本					
自有品牌零售毛利		目标毛利率（%）	100%-MU%	毛利	
自有品牌零售价格					
制造商建议零售价格（MSRP）					

6.7   自有品牌定价竞争优势

自有品牌零售商能以更高的毛利率，在货品成本中加入毛利，从而确定零售价格。但要知道，自有品牌的竞争对手包括许多知名品牌。自有品牌零售商因其比名牌竞争对手的成本低，不仅可以提供略低的价格，而且这样做可以保持竞争优势（建议这样做）。对于零售商（如百货商店）尤其如此，他们在同样的销售空间销售自有品牌产品和知名品牌产品。这种直接竞争可以使自有品牌受益或构成挑战。想象一下，在梅西百货（Macy's）一件拉尔夫·劳伦（Ralph Lauren）女装polo衫仅售89.50美元。而梅西百货自有品牌宪章俱乐部（Charter Club）能够以39.50美元的价格出售类似的polo衫。顾客可能会在看到拉尔夫·劳伦的广告后进入商店，但由于价格较低且质量相近，最终还是选择了宪章俱乐部的polo衫。其自有品牌平均占70%，无疑是一种非常有利可图的商业模式。

对于自有品牌或直接面向消费者的销售，价值导向定价的计算方式略有不同。在这种情况下，面料大约是零售价的六分之一。自有品牌公司再次从目标零售价倒推来计算成本。

例如，如果前面提到的儿童泳衣是自有品牌，就可以30~34美元价格出售（下面示例的零售价格为32美元），而不是40美元。假设直接成本仍为9.60美元，每件泳衣的面料价格仍为4.80~5.00美元。自有品牌可采用更高的毛利率，但面料成本（使用价值导向定价）变为零售价的六分之一，而不是八分之一。

> 32.00÷6=5.33（美元）

自有品牌使用相同质量的面料和工艺制成类似的泳衣，其价格会低8.00美元，且利润会更高。这是因为泳衣从批发商出售给零售商时，批发商要50%毛利率，零售商要52%毛利率。

> 直接成本 ÷（1－毛利率）＝批发价
> 批发商毛利率为50%
> 9.60÷（1－50%）=19.20（美元）＝批发价
> 批发价 ÷（1－毛利率）＝零售价
> 零售商毛利率为52%
> 19.20÷（1－52%）=40.00（美元）＝零售价

与自有品牌泳衣相比，跳过中间商，应用70%的毛利率计算销售价格，其价格可低得多。

> 直接成本 ÷（1－毛利率）＝自有品牌零售价
> 自有品牌零售商毛利率为70%
> 9.60÷（1－70%）=32.00（美元）＝自有品牌零售价

在解释了价值导向定价之后，要知道，使用价值导向定价是很难盈利的。假如，开发一款顾客认为价格合理的产品，但不清楚其远期成本，那么价格可能无法负担所有间接费用。成本导向定价的好处是可以确保负担所有的成本。

6.8 总结

在开始定价之前，公司需要确定其目标市场和顾客。目标顾客在哪里购物？目标顾客在连帽衫或手袋上花费多少钱？他们对质量的期望是什么？回答这些问题将使公司知道他们可以花多少钱购买产品。

地位定价或溢价定价适合更富裕或有抱负的顾客。使用此策略的品牌和零售商会采用更高的毛利率，以支付其租用享有盛誉地区的租金和高端营销活动。

渗透定价是定一个比竞争对手低的价格，并希望以高销量弥补价格的差异。通常在新产品试图抢夺竞争对手巨大市场份额时用到。

竞争定价或市场定价，品牌对商品的定价与市场上其他类似的零售商和品牌非常接近，而且价格范围相同。

高—低定价，通常在百货商店中使用，开始时设置较高的价格，并在随后的几天、几周和几个月的时间内，逐步地打折。

每日低价，这是沃尔玛一个完善的定价战略，与高—低价格策略相反，零售商没有玩"促销游戏"，而是给出了最低的价格，当然还会有利润。

价值导向定价是指首先确定预期的零售价格，然后从该价格倒推，最终确定产品成本。成本导向定价是从产品的实际成本开始，然后在成本中加入毛利，得到零售价。品牌商必须以目标顾客为中心，目标销售价格必须涵盖全部直接成本和间接成本，并确保足够的毛利率，从而弥补生产和销售过程中可能发生的任何未知成本。

当零售商决定销售带有自己独有名称标签的商品时，就出现了自有品牌，并因此跳过了中间商，即批发商。自有品牌有两种类型：百货公司或专卖店，自有品牌零售商。这两类零售商都可以通过直接与工厂或专有品牌制造商合作来创建自有品牌产品组合。自有品牌将两个阶段的毛利减少为一个阶段的毛利，毛利率可达到70%。尽管商品成本相同，但自有品牌可以使自有品牌零售商提高毛利率，提供更低的定价，并获得更大的利润。

本章回顾与讨论

1. 如何确定目标顾客？需要问什么问题和什么信息？在成本核算中，真正了解目标顾客是谁为什么很重要？

2. 五种定价策略是什么？它们各自有何不同？时尚品牌可以在其整个生命周期内坚持一种定价策略吗？

3. 为什么定价策略对成本核算专业人士很重要？

4. 为什么一些零售商决定创建自有品牌产品组合？为什么这种模式如此有利可图？获取毛利机会有何不同？

5. 你最喜欢的三个时尚品牌是什么？你认为它们各自采用哪种定价策略？

6. 价值导向定价和成本导向定价有什么区别？每种定价的风险和收益是什么？

活动与练习

1. 两位同学组队，然后每个人选择并下载五个零售商或品牌。查找并下载他们的徽标和口号。两人互相确定对方这五个品牌的定价策略，并估算其毛利范围。

2. 如果你正在设计外套系列，可能希望自己的产品定价与目标顾客相似的基准品牌定价范围相同。在网上查看几家百货公司，看到类似的外套款式，价格从145～195美元不等，平均价格为170.00美元。定义你的公司类型，并确定你的面料成本应为多少。

3. 创建定价策略板，并通过线上或照片网站分享。定价策略板的每个区域使用不同的定价策略并贴上标签，添加3～4个时尚品牌的产品照片，这些品牌涵盖了各种定价策略。

关键词

竞争性定价 competitive pricing	销售价格 price point
人口特征 demographics	价格范围 price range
每日低价 everyday low pricing	自有品牌 private label
时装 fashion	主打产品 staple
高一低定价 high-low pricing	地位定价 status pricing
渗透定价 penetration pricing	价值 value
感知地图 perception map	价值导向的成本核算 value-based costing
溢价定价 premium pricing	空白市场 white space

第7章　边际利润率、成本毛利率与折价率

盈利是每个公司的目标。找到合适的利润率与找到合适的服装或合适的客户一样重要。只有通过盈利才能实现持续增长。股东要求公司持续成长，面对压力，公司会采取高风险的经营方式：追求低劳动力成本、产品服务多样化以及开拓新市场。在向客户交货之前，公司要采用过去的财务绩效（主要预测信息来源），做好未来的产品组合计划。没有一个万全之策能够确保公司获得盈利。对于新业务，要想实现盈利通常需要花费几年的时间，因为加入已经饱和的服装市场并与知名品牌竞争并非易事。但这是可以做到的，盈利可以带来成功，并使公司具备可持续发展的能力。

7.1　边际利润率与成本毛利率

边际利润率与成本毛利率不同，它们以各自独立的方式衡量利润水平。正如本书所讨论的那样，添加到成本中的毛利＝销售价－成本，而成本毛利率（也称为成本加成率）＝毛利/成本。边际利润是销售一件货品扣除成本后剩余的金额，而边际利润率＝边际利润/销售价。

如果一条头巾的成本为7.50美元，并且以12.50美元的价格出售，那么每条头巾的利润为5.00美元。售出头巾的边际利润率＝利润金额/零售价。

> （零售价－成本）÷零售价＝边际利润率
> （12.50-7.50）÷12.50=0.4
> 0.4=40%＝边际利润率

每条头巾销货成本为7.50美元，销售价格为12.50美元，销售出去可获得40%的边际利润率。这意味着公司留存了每条头巾销售金额的40%。

想要实现40%的边际利润率，需要对应更高的成本利润率。成本利润率总是高于边际利润率，因为边际利润率考虑的是在支付所有成本和费用后，剩余利润在收入中占比多少，而成本利润率考虑的是在成本中加入预期毛利后，毛利在全部成本中占比多少。因此，上面40%的边际利润率对应更高的成本毛利率。

> （零售价－成本）÷成本＝成本毛利率
> （12.50-7.50）÷7.50=成本毛利率
> 0.666≈67%＝成本毛利率

如上所示，67%的成本毛利率对应40%的边际利润率。成本毛利率总是比边际利润率高。如表7-1所示，列出了常见的成本毛利率及相应的边际利润率。

表7-1　成本毛利率与边际利润率

成本毛利率（%）	边际利润率（%）
20	17
25	20
30	23
40	29
50	33
60	38
75	43
100	50

当知道边际利润率以后，为实现该利润率目标，需要确定一个与之相对应的成本毛利率目标。

在选择边际利润率和成本毛利率时，其大小必须能够维持业务并使其增长。边际利润率通常在25%~75%或更高的范围内，具体取决于所选的定价策略（参见第6章）。公司不会选择一个固定的成本毛利率列入每款产品中。每款产品都有自己的成本毛利率和边际利润率。这取决于客户、数量、零售分布以及产品是时尚款还是主打款。每款产品的边际利润率会有所不同，这是可以接受的。只要每款产品的成本毛利率的平均值足够高，就能够保持稳健的利润。通常，对于分销点较少的产品会采用较高的边际利润率，而大批量生产和零售商及分销点较多的产品会采用较低的边际利润率。

确定目标边际利润率并不总是如表7-1所示的那样简单，因为许多外部因素会影响目标边际利润率。亚马逊和沃尔玛这些具有巨大影响力的零售商，足迹遍布世界，拥有丰富的商品组合，其不断压低零售价格，并因此获得巨额利润。边际利润率必须考虑所有成本因素，包括直接成本、间接成本以及稳健的毛利水平，以促进业务的发展。折价、促销打折和优惠券也必须考虑在内，这些内容将在本章稍后详细讨论。

如果业务刚开始，想要找到合适的边际利润率可能需要花几个季度。许多企业刚开始时采用双倍定价或略微高一些的定价，然后根据每种产品或季节进行调整，如表7-2所示。1%~2%的价格差异，或者几美元或几美分的差异，会导致商品持续盈利、商品畅销、商品滞销并大幅打折等几种不同结果。归根结底，在商品成本和费用上添加毛利的最终目标，就是获得可维持业务的边际利润率。利润率过高，定价会被市场踢出局。利润率太低，可能无法负担全部费用。此外，还需要考虑在哪里销售以及如何销售。如果无法达到预期边际利润率，要么提高售价（通常不是获胜策略），要么降低成本（参见第8章"降低成本的方法"）。

表7-2 根据产品类别改变边际利润率

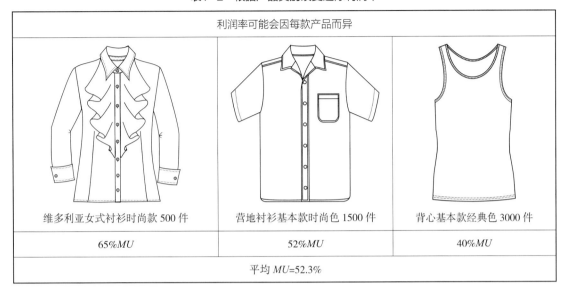

利润率可能会因每款产品而异		
维多利亚女式衬衫时尚款 500 件	营地衬衫基本款时尚色 1500 件	背心基本款经典色 3000 件
65%MU	52%MU	40%MU
平均 MU=52.3%		

7.2 全渠道零售对毛利的影响

以前，零售商只采用一种销售类型，但现在大多数零售商通过全渠道分销，采用多种零售形式。这些不同类型的零售形式满足了不同利润率的需要。例如，拉尔夫·劳伦的经典polo衫，在拉尔夫·劳伦旗舰店、波罗·拉尔夫·劳伦（Polo Ralph Lauren）、拉尔夫·劳伦网站、拉尔夫·劳伦品牌折扣店（outlets）以及梅西百货和梅西百货的折扣店在线销售，价格如图 7-1 所示。所有这些polo衫的质量都不相同，因此，它们的成本和毛利也不相同。此示例还不包括拉尔夫·劳伦旗下的所有子品牌。

图7-1 不同渠道的价格差异

如前所述，批发商和自有品牌成本核算有不同的财务影响。大型品牌，例如前面提到的拉尔夫·劳伦，经常发现自己不仅与自有品牌竞争对手竞争，而且与自己竞争。品牌曾经有权设定零售价格，但是，随着互联网的出现和信息透明化，这种力量现在已经牢固地掌握在客户手中。随着亚马逊获得良好的发展势头和市场份额，他们现在要求拉尔夫·劳伦达到其制造商建议的零售价。亚马逊将零售价定为33.98美元，迫使拉尔夫·劳伦与生产企业修改材料、结构和价格。向后推算其毛利率为50%，拉尔夫·劳伦将价格定为16.99美元，而每件衬衫的成本约为8.50美元。

显而易见，拉尔夫·劳伦在整个服装行业和各种零售商之间建立了根深蒂固的关系，并存在巨大的吸引力。而对于新晋设计师来说，情况并非如此。为了使新晋设计师和服装产品与大型零售商建立关系，寄售通常是唯一可用的销售方式。零售商将接受一种新产品，但需要注意的是，该产品将被放置在有限数量的商店中，无须预付款。这意味着设计人员必须支付所有货品的成本、直接成本和间接成本、运输费用等，并在不保证付款的情况下交付货物。这些条款可以设置为 60~90 天，其中任何滞销产品都可以退还给设计师。由于销售和利润率不确定，这给新公司带来了巨大的财务风险。因此，在寄售时，应提高利润率，以涵盖某些产品很有可能被退回的情况。

为了应对亚马逊、沃尔玛、拉尔夫·劳伦以及寄售趋势，许多企业正在努力重新控制定价和盈利能力。这些努力包括直接面对消费者的新设计师品牌和大型民族品牌。直接面向消费者的模式削减了中间商、大型零售商，获得了将零售价格定在知名竞争品牌以下的定价能力，带来了更高的利润，形成了竞争优势。直接面向消费者的代表性毛利率平均为 60%。借助电子商务，品牌无须花费大量的零售空间、销售人员、保险和其他成本，就可以销售产品。但是，为了获得商品、分发商品以及提供在线服务，也会产生其他费用。除了电子商务，新晋设计师还可以应用快闪活动、店中店、直接代发货等经营形式。

这种以低价和大额销售驱动购物动机的多渠道零售策略，开辟了一个需要对成本和定价极其敏锐的市场。现在市场上的成本计算需要进行战略规划和深思熟虑，以实现利润最大化和损失最小化。尽管到目前为止，本章大部分内容都在讨论如何获利，但遗憾的是，并不能始终获得所需的利润率，因此所赚取的利润会大大减少，这就是利润损失。利润损失会通过折扣、降价和退款产生。如本章前面所述，美国客户已经习惯在购物时寻求折价商品。这些折价会蚕食利润率，因此导致零售商提高利润率，以使他们可以降低价格来满足消费者的期望。每个零售商都必须根据其目标市场需求选择定价策略，并且必须坚持计划以避免混乱。下面研究三种类型的利润损失以及它们如何影响零售商、批发商和生产企业。

7.3　折扣率

折扣，是预期的利润损失。这似乎与零售商获取利润的总体宗旨相矛盾，但是如上所述，某些市场和零售环境要求打折以促进产品流通。折扣可以更多地看作是促销或营销活动，让零售商在促销活动中更加突出，尤其是用传单和优惠券。消费者都在经历着一个被拉长的体验营销游戏：从顾客在家开始，制定购买计划，收集优惠券，浏览网站或传单，规划一个令人兴奋且即将到来的大超市或零售商购物之旅。其实消费者预期的这个折扣已经计入商家的利润率，即使折扣率在 50%，零售商仍将获得一定的利润。而供应链上的批发商和生产企业，利润率也会降低一半。已知折扣率后，计算折后销售价格的计算公式为：

> 原始零售价 −（原始零售价 × 折扣率 %）= 新的折扣售价

因此，如果原始价格为90美元，应用25%的折扣率，折后销售价格计算如下：

> 原始零售价 –（原始零售价 × 折扣率%）= 新的折后销售价
> 90 –（90×25%）= 新的折后销售价
> 90-22.5=67.50（美元）= 新的折后销售价

如果销售价格为49.95美元，应用35%的折扣率，折后销售价格计算如下：

> 原始零售价 –（原始零售价 × 折扣率%）= 新的折后销售价
> 49.95 –（49.95×35%）= 新的折后销售价
> 49.95 – 17.48=32.47（美元）= 新的折后销售价

7.4　折价率

折价，是利润损失，不过折价也是吸引顾客进商店、清除滞销商品的一种策略。折扣和折价通常在大型宣传活动中采用。

采用地位或溢价定价策略的零售商旨在以全价出售产品，会阻止以任何形式损害品牌形象的销售策略。在首家零售店、旗舰店或高端店中，客户通常看不到此类产品降价促销。这些产品将被转移到折扣店，但情况并非总是如此。折扣店越来越受欢迎，要求品牌商专门为折扣店配置商品。折扣店成为奢侈品牌重要的零售形式，可以"处理"那些不在旗舰店出售的产品。折价就是直接降低价格，而不是按一定的折扣率出售。已知原始零售价和折价价格后，计算折价率的公式为：

> （原始零售价 – 折价价格）÷ 原始零售价 = 折价率%

因此，如果原始零售价为90美元，并且商店将商品折价到74美元，折价率的计算如下：

> （原始零售价 – 折价价格）÷ 原始零售价 = 折价率%
> （90 – 74）÷90= 折价率%
> 16÷90= 折价率%
> 17.77% = 折价率%

可以使用以下折价公式来检查计算结果：

> 原始零售价 –（原始零售价 × 折价率%）= 新的折后销售价
> 90 –（90×17.77%）= 新的折后销售价
> 90 – 15.993=74.007（美元）= 新的折后销售价

7.5　退款率

当制造、设计、包装或交付标准等方面发生错误时，就会产生退款或逆向收费。在整个设计过程中，批发商和零售商都需要批准。如果未达到标准，开发票时，批发商和零售商都有权利在扣除退单货款后付款。这可能严重损害品牌关系和生产企业关系以及公司的盈利能力。

如果将产品运送到大型百货商店时未使用正确的衣架和塑料袋包装，则可能会发生退款的例子。百货商店以制定严格的标准而闻名。鼓励品牌使用配送中心的服务，来避免任何不必要的退货费用。配送中心可以抽查检查尺寸、颜色、质量、包装以及其他方面，以免产生退款。如果订单发货延迟或不完整，也会产生退款。退款金额为20%~80%，可以商议。

7.6　成本表上折价、折扣和退款项目

在商店或网店上架的商品，不可能都以原价快速出售，折扣、折价和退款是不可避免的。因此要认识到，对于大多数品牌来说，并非所有商品都将以全价出售，要为减价和损失做好准备。当公司努力制造正确数量的产品、颜色、款式和尺寸时，大多数情况在销售首期或季节结束后，仍有一定比例的尺寸和颜色货品未售出。通过在成本表上增加一个折价率（也称为清仓损失率，或存货准备率）来抵御这一损失，这样少数款式的降价损失就可以通过大多数款式的销售来弥补。对于生产大量各种产品的公司，通常的做法是在所有产品中增加1%~2%的清仓损失率，以弥补将来可能出现的折扣。对于较小的公司，它们可能希望增加2%~4%的清仓损失率。在成本表中，该项目名称为折价和清仓损失，如表7-3所示，涵盖了预计将来不需要的所有商品。

表7-3　载入预期折价的传统成本表

传统成本表					
日期：		公司：			
款式代码：	样衣代码：	季度：			组别：
尺码范围：	样衣尺码：	款式描述：			
面料：					
面料	估计用量	单价（$/yard）	估计成本	估计总成本	款式图
面料 1：					
面料 2：					
运费：					
辅料	估计用量	单价（$/yard/gr/pc）	估计成本		正面图
辅料 1：					
辅料 2：					
辅料 3：					
运费：					

续表

传统成本表					
物料	估计用量	单价（$/yard/gr/pc）	估计成本		
物料1：					正面图
物料2：					
运费：					
人工	直接人工	临时合同用工			
裁剪：					
缝制：					
后整理：					
唛架/放码：					
商品直接估计成本					
代理佣金率（%）					
运费估计					
关税税率（%）					
清关费用率（%）					背面图
本地运费					
折价/清仓					
其他成本总计					
LDP/DDP 的估计成本					
批发毛利		目标毛利率（%）	100%–MU%	毛利	
批发价格					
零售毛利		目标毛利率（%）	100%–MU%	毛利	
零售价格					
制造商建议零售价格（MSRP）					

7.7 盈利评价

分析盈利能力可以按产品或SKU、类别、品牌、季节和公司分别进行。如前所述，过去的财务信息是未来经营成功的重要工具，主要分析经营业务各个方面的发展趋势。公司使用销售点POS（Point of Sales）系统，可以将报告传递到公司办公室。旗舰店是开发样衣、测试商品和收集重要财务数据的中心。只需点击一个按钮，就可以将一份涵盖各个商店绩效、员工绩效以及颜色占比的完整报告，发送给全球所有公司的决策者，用来讨论和调整公司的营销策略。

7.8　满足客户需求

美国客户已习惯于购买打折商品。在价格、质量和创新这三种主要的营销工具中，价格对美国市场最为重要。折价购物就是赢，在消费者看来，自己就是赢家。当获得50%的商品折扣时，消费者就会觉得零售商是输家。实际上，零售商在确定50%折扣时，已在定价中内置了足够的毛利，从而仍保留了少量的利润。通常，使用高—低定价策略的零售商，在商品上架17～19天后，开始降低价格。消费者必须确定，该产品是否值得全价购买，或者是否愿意冒险在三周内返回购买，发现该商品处于折扣状态或已售罄。

杰西彭尼（JC Penney）是一家典型示例，该公司尝试改变战略，支持每天低价，并将目标市场从婴儿潮一代转移到千禧一代。杰西彭尼商店的库存过剩和股价下跌，部分原因是2007～2009年的经济衰退。杰西彭尼快速做出了一个决定，将名字更改为JCP，并提供"公平交易"，新的方形徽标进一步突出了这一点。该商店将取消所有折扣销售、优惠券和其他奖励，取而代之的是直接采用较低价格。结果引起消费者的反感。消费者已经习惯了购买折扣商品，折扣优惠券并参与零售商的营销游戏。取消了这种互动的营销游戏，直接低价购买，消费者感觉无聊。该计划和其他计划很快失败，于是JCP又恢复了其传统的折扣销售、优惠券和忠诚度系统。

7.9　打赢盈利游戏

虽然没有找到和维持盈利能力的合适模式，但可以设定一些战略和目标，使企业走上成功之路。产品的生命周期从介绍期开始，然后是成长期、成熟期、衰退期。在这个周期中，企业希望能发现畅销产品。李维斯的501牛仔裤是其系列中典型的主打产品，一季一季地卖，李维斯能够快速补充这款产品，避免了与新产品相关的产品开发成本。李维斯还能够使用数据和趋势报告来分析各种产品，并按生命周期对其进行分类。例如，上个季节，李维斯增加了一些新颜色和新款式背包，表明背包可能已经从介绍期进入成长期。而到了衰退期，李维斯会通过扩展产品，提供各种不同背包，实现转型。随着各种款式在每个季度的投入，这些款式都需要重新计算成本，因为原材料、人工、运费、油费和关税等都会变化。公司明智的做法是重计成本，并在需要时重新定价。

另一项增长战略是国际扩张。随着技术和通讯的发展，零售商能够进入国际市场。世界上最大的公司通常会在很多国家或地区提供零售业务，在这些国家或地区，提供差异较小的或差异很大的商品。这种扩张的成本很高，需要精心策划，最终会取得不同程度的成功。

7.10 案例研究：现有产品用于折扣业务部

正如前几章中所了解到的那样，折扣业务部随着销售额的增长而蓬勃发展，并且以前所未有的速度增长。在整个时装行业，许多公司都在为这种低价市场和特定消费者专门开发产品。在这些低价消费者中，还是有许多人喜欢以低价购买带有"设计师"或"品牌标签"的产品。设计师和时装品牌只向麦克斯（TJ Maxx）折扣店或罗斯百货（Ross Stores）等低价零售商提供一些特定类型的产品，让这些消费者能够买到带有其标签的商品。

为了获得较低的价位，设计师和服装企业将从之前产品系列中挑选一些现存产品，"重新发布"这些款式的低价位版本。这些产品可以是以前季节的、当前最畅销的、现有产品系列中的款式。但是，为了不使主要设计师产品与低价商品混淆，企业会更改这些款式的元素，开发只在低价渠道销售的产品。

为了迎合低价，折价款的某些方面必须更改。为了降低成本，需要更改面料、辅料、结构细节、人工成本和整体质量。通过这些细微的变化，可以降低总成本，从而使公司能够以较低的价格将产品销售给折价目标消费者。

例如，一家大型时装公司销售一种很受欢迎的男式梭织纽扣衬衫。这家公司拥有很深厚的品牌底蕴，通过全价零售商，以89.50～98.50美元销售棉府绸男式纽扣衬衫，包括修身以及经典款式的纽扣衬衫。这种衬衫的材料是100%棉或加一点增加弹力的氨纶（98%棉/2%氨纶），并采用成本高的缝制细节和缝制工艺。该结构采用单针明线缝制，缝合线彼此紧密排列，形成牢固连接服装裁片的接缝。因此，只要一排缝线就可避免在接缝处起皱或起泡。纽扣孔是手工缝制的，可以避免随着时间的流逝而磨损。左胸袋中间绣有一个标志性徽标，以彰显品牌标志。该绣花徽标利用多条色线为品牌徽标设计赋予立体感和纹理感。另外，若衬衫的图案有格子或条纹，则图案在接缝处和前身口袋的连接处对齐，并且这种图案整体不会发生明显移位。在后身处用育克增加支撑力，或者用后省使服装更好地贴合身体。另外，此衬衫门襟和袖子上的实际纽扣均采用带有贝壳或珍珠母品质的纽扣，并雕刻有商标名称。这款高档衬衫，可以在人工成本较高的国家（如美国或意大利）生产、缝制和运输。

然而，相同设计师品牌基本上都可以自我调整，使用不同的材料，删除并修改昂贵的构造细节来制造相同的衬衫。从主要产品系列中选出特定款式销售，但价格要低得多，只要29.99美元。通过使用与合成纤维（如聚酯）混纺的较便宜的优质面料，每码面料的价格就降下来了。此外，使用较便宜的纽扣（如塑料纽扣），采用人造贝壳设计而不是真正的贝壳，成本将进一步降低。去除纽扣上雕刻的品牌名称，也使纽扣成本下降。除了使用较便宜的面料和辅料之外，如果进一步减少结构细节，折价衬衫版将变得更便宜。质量要达到设计师的标准，但可以在人工成本较低的制造工厂生产，如印度、中国、越南等国家。取消后省、后育克、底领、衣领支撑物和更便宜的缝合等工艺细节，不仅会使衬衫成本降低，而且合身性也将与售价更高的顶级衬衫区分开。另外，还可以取消胸袋，但保留标志性的品牌徽标。胸部刺绣的品牌徽标仅使用一种颜色的线，而不是最初的顶级设计师款式的多种颜色。最后，该品牌将确保这种折价款式的服装配色不会与市面上顶级衬衫的配色相同。

通过改变原款的所有这些不同元素，设计师基本上可以用更低的价格生产类似的服装。这使得设计师和时尚品牌能够用相同系列产品为其他消费者提供服务，并进入他们通常不愿意服务的低价市场，从而获得销售收入。

7.11 案例研究：亚马逊案例研究

简介

技术创新已经在零售行业造成了许多破坏，并导致破产和倒闭。在这个变化中，没有其他公司比亚马逊受益更多。他们以提供大量产品和快速交付而著称，因此成为第一家市值突破万亿美元的公司也就不足为奇了。回顾他们的成功，亚马逊从出售书籍开始，后而转向电子产品，现在几乎可以在亚马逊上找到任何东西。他们通过"击败"竞争对手，建立起商业帝国。类别杀手进入市场，通过大批量购买单个产品类别，以更低价出售，来削弱竞争对手的优势。亚马逊能成功对抗新书和二手书零售商，不仅是因为提供了较低价格的产品，还使用了数据收集和价格敏感算法。

数据收集

在线购买产品不仅仅是一种便捷的购物方式。现在，在线购买是零售商、市场营销人员以及不法分子收集信息的一种方式。此信息用于创建客户档案，从而使品牌能访问和利用个人喜好与习惯信息。塔吉特（Target）公司，拥有广泛的客户资料，在客户考虑购买奶瓶或尿布之前，就预测到该客户已经怀孕多久了。显然，公司将使用此信息发送优惠券来激励客户，但亚马逊已将数据使用提升到了一个新水平。亚马逊可以分析客户进行大部分购物的时间以及在一周的哪一天喜欢购买哪些商品，从而做出一些假设，如何最好地利用这些信息使自己受益，然后使用自定义算法将这些信息用于调整定价。

价格敏感算法

亚马逊可以根据需要在一天中多次更改商品的价格。亚马逊没有采用传统的高—低定价法，而是自下而上地运作。亚马逊可以选择利润很小的价格，以销售大量产品为目标。如本章所述，大多数公司的毛利率为40%～70%，但亚马逊会选择低毛利率，低至20%甚至更低，从而削弱市场竞争对手，并获得更多的市场份额。通过数据收集和自定义算法，亚马逊可能会发现一个客户或一组客户在周三下午一直在浏览女士外套。这些信息可以为亚马逊提供决策依据：根据之后的数据分析，加大折扣、提高价格或者提供优惠券。具有讽刺意味的是，亚马逊在21世纪20年代第一个在网上开店，打败了很多实体零售商，现在却开始开设自己的实体店。

实体店

根据消费者调查，美国人平均在网上购物的比例接近9%。大多数美国人仍然想去实体商店选择水果和蔬菜，以及"购买"选购奢侈品包的整个体验。有了这些信息，亚马逊开设实体店就不足为奇了。亚马逊的实体店提供最畅销的书籍以及智能电子产品系列，让顾客摸不着头脑，不明白这家最大的电商为什么要承担额外的固定成本来开店。亚马逊知道，为了继续从竞争对手那里获得更多的市场份额，全渠道分销对于转化网盲客户至关重要，亚马逊还收集了对该类客户的重要建议。

结论

亚马逊通过不断收购竞争对手并增加产品和服务来扩大其产品组合，从而继续加强其业务。亚马逊在2017年收购全食超市（Whole Foods）证明了它们的成功，因为一日股价上涨就补偿了收购成本。亚马逊继续向Alexa语音服务系统投入资金，努力取得持续成功。Alexa是一个智能助手，可以回答许多问题和命令，从开灯到创建购物清单。还可更进一步，创建一个包含大多数亚马逊自有品牌产品的购物车。即使客户抱怨Alexa自发录制对话，但似乎也没有强烈反对。

讨论问题

- 你有一个新推出的网站，可以出售书籍和其他阅读材料。传统上你是通过实体店出售的。客户喜欢低价，而你拥有全国性的品牌知名度和良好的声誉。你的加价是相当公平的，在批发价基础上加价50%。如果从一个特定的出版商以12.50美元批发价购买了这本书，那么零售价是多少？此外，将这本书精准地在线销售给100000个客户之后，最终产生的零售额是多少？
- 假设你是亚马逊，以12.50美元的批发价购买了同一本书。然而，你以一个非常低的价位出售，即在批发价基础上只加价25%。此外，你有巨大的影响力，可以接触到数百万的在线客户。到目前为止，已经将此书卖给了全球650000个客户。亚马逊从这本书的销售中产生的零售额是多少？是否能看到与上述案例研究的相关性以及定价的差异性？

7.12 总结

取得盈利和找到合适的利润率与找到合适的服装或合适的客户一样重要。边际利润率 = 利润 / 销售价格。边际利润是支持公司发展余留下来的部分。

毛利 = 销售价格或收入 - 成本或费用。毛利是添加到成本的部分。毛利很重要，要根据预期利润选择目标毛利。

折价、折扣和退款吞噬了利润，降低了根据目标毛利率确定的边际利润率。明智的做法是在成本表中增加折价项目，以涵盖在发货后产生的所有折扣、折价、退货和退款损失。

关注目标市场和目标客户需求非常重要。美国客户习惯购买打折商品，因此，许多企业都从高—低定价方式中获利。

公司对各种产品生命周期阶段的评估，对于盈利至关重要。随着产品进入介绍期、成长期、成熟期和衰退期，总会有些产品滞留在货架上卖不出去，调整产品组合，有助于减少损失。

本章回顾与讨论

1. 有一个服装品牌，产品组合包括 10 ~ 12 个款式。该产品组合的平均利润率为 55%。其中两个款式仅有 30% 和 35% 的毛利率。给出五条理由，说明为什么这两款如此低的毛利率，仍然能为公司带来良好盈利。

2. 为什么一家公司在一款产品成本中加价 78%，但最后只赚取了 23% 的边际利润率？

3. 零售商要求部分或全部服装订单退款的原因是什么？

4. 产品折扣和折价的原因是什么？制造商如何为这种可能性做准备？

5. 像 Gap 这样的零售店宣布计划转向每日最低价模式时，为什么他们与客户群之间会遇到困难？

活动与练习

1. 在网上搜索这件产品：一件灰色冠军牌连帽运动衫。查找并列出目前正在销售的连帽衫所有电子零售商及其售价。这件连帽衫卖多少不同的价格？为什么有这么多种价格和这么多个商店出售这种商品？查阅不同价格的连帽衫的纤维、面料、工艺细节，不同价格之间有什么不同（如果有的话），为什么？

2. 找一个同学，想象他是加拿大一家纽扣厂的经理，想为正在生产的一件外套订购 100 箩 36L 的雪松木缝纫纽扣。这些纽扣的价格是 22 美元 / 箩。你需要降低成本。如何让加拿大纽扣供应商降低价格，这样就可以在这种款产品上获得可观的利润空间？练习与他们谈判，并尝试让纽扣折价 10%。用什么请托？用什么语气？然后互换角色。比较一下哪些成本谈判问题、陈述、技巧最有效，为什么？

3. 如果有一款零售价格为 259.99 美元的产品，25% 的折扣，折后价格是多少？如果改为 36% 的折扣，折后价格是多少？

关键词

面向消费者　direct-to-consumer	全渠道　omni-channel
营销游戏　gamification	折扣店　outlet store
折价　markdown	POS 系统（销售点）　POS system

第8章 降低成本的方法

在产品开发、制造和整个供应链中，有许多方法可以降低成本。降低成本的原因，有时是为了达到消费者可接受的目标价格，有时是为了在竞争中获得竞争优势，有时是为了将新晋设计师的初始投资降至最低。即使没有出现这些情况，所有服装企业和相关企业都愿意研究成本降低技术。由于服装行业的不可预测性，公司很难全面了解有助于销售或阻碍销售的因素。在全球化以及世界各地企业、供应链和市场相互联系的背景下，价格变化随时会发生且没有任何警告。制定应对这些变化的计划，会影响公司的成败。下面从开发阶段开始，看看在哪里可以降低成本以及如何降低成本。

8.1 从样衣开始

所有款式都不相同。有些款式是设计师在参观时装秀或博物馆受到启法后构思出来的，有些款式是利用付费的趋势分析数据库设计的，有些款式采用简单的复制。前者要求设计师或产品开发人员绘制款式图，找到制板员制板，理想情况下，设计师会配备制板员。研发人员将共同努力，完善样衣尺寸、结构和造型。这是过去大多数设计师的实际工作情况，但是，在一个互联互通的世界里，受降价需求的影响，设计师们通常会复制或修改现有服装。购物旅行是市场调研中常见的事情，设计师光顾附近的百货商店，购买接近他们设计想法的服装，然后把它们送到海外工厂，基本上就算完成了设计。这个过程不像前者那么有魅力，但它能更快地完成工作，让设计工作大打折扣。值得注意的是，这一过程可能会降低开发阶段的成本，但由于制造商有最低订单量的要求，随后将需要更大的投资用于批量生产。

8.2 减少人工成本

在整个开发过程中，正如第2章所研究的，为了达到设计需要，服装试制过程包含了制板师、工艺师和产品开发人员一系列的修改意见及相应的样衣。最初的款式图或计算机辅助设计可能有复杂的接缝、贴布绣、褶裥等，但在服装试制过程中，为了达到目标价格，生产团队在与工厂一起确定服装成本时，会要求设计团队删除昂贵的配饰或减少产品组合数量，这种情况并不少见。许多代理商或工厂经理也会建议减少接缝数量或每英寸的针步数，这样可以加快缝制速度和减少标准工序时间（SAMs），从而降低成本。假设一件衬衫需要3.5SAMs，即缝制一件衬衫需要3.5分钟，其中，缝合侧缝、绱领和双针缝下摆工序需要0.5SAMs（即每件30秒）。工厂通过测量和计算SAMs，确定来料加工的成本（Kennedy，2017）。减少标准工序时间是降低成本的一种方法。其他一些简化工序降低成本的示例如下：

- 将来去缝或包缝变为单折边缝或双折边缝。
- 将三针或双针的明线更改为单针的明线或边线。
- 省略手工缝制和整理的特色工艺，并将其转变为机械制作，以便更快地完成。
- 取消袋盖、褶裥或把袋口封住。
- 唛架布边与缝边重合，消除这些布边缘的处理。
- 从全衬里服装转换为半衬里服装。
- 减少纽扣和纽孔或按扣、钩眼等的数量。
- 减少塔克、褶裥、省道或碎褶的数量。
- 减少生产款式的颜色、印花或图案的总数。
- 从数字尺寸（即6、8、20、12和14）转换为S、M、L尺寸，并减少发送给生产方的总尺码规格数量。

在网上搜索"Fashion Studies Journal，Right-Brained Fashion"，找到关于创造性节约成本的完整文章。

8.3 面料成本

面料通常是与服装相关的最大成本。面料一般是服装零售价总价的六分之一到八分之一。当一件服装成本太高时，面料通常是第一个要检查的地方。面料类型、纤维含量、染色工艺、重量都在考虑范围之内。降低面料成本的方法包括：

- 将100%的特定纤维改为混纺纤维。
- 将天然纤维改为价格较低的合成纤维，虽然这是一种很好的降低成本的做法，但会削弱服装的可持续性，因为新的合成纤维来自化石燃料，第9章将详细介绍这一主题。
- 将色织条纹、格子或其他图案改为印花条纹、格子等。
- 选择重量稍轻的面料。
- 选择经纬密度较低的面料。
- 减少印花颜色数量。颜色越多，筛网或色缸越多。

- 采购库存（未使用的，通常是旧的、折价的）面料，而不是生产新的布料。
- 选择原产地离工厂较近的国家或地区的面料，从而降低运费。
- 从单向或局部定位印花或图案改为双向印花或全印花，每件服装消耗的码数更少。
- 减少每件服装面料用量，缩小款式宽松度、除去面料处理的细节，如碎褶、褶裥、深口袋等，降低每件服装的用布量。

除了利用库存面料，其他这些降低成本的方式都会影响质量，而且服装的寿命也会相应减短。一些快时尚公司销售的服装，为降低成本而采用了较轻的面料，其服装在光线下几乎是透明的。

8.4 辅料和物料

辅料、物料和配件加在一起并不多。公司通常会考虑降低人工成本和面料成本，而没有意识到减少或更换辅料、吊牌、标签以及其他类似辅料带来的成本节约。可从以下几个方面减少辅料和物料成本：

- 减少系结物的数量（纽扣、按扣和钩眼扣）。
- 消除外套、夹克或衬衫上多余的纽扣、毛衣上多余的纱线。
- 重复使用现有的或复古的纽扣或辅料，而不是购买新的。
- 选择稍窄的辅料，例如较窄的拉绳或饰带。
- 改用重量更轻的辅料，如用塑料拉链代替金属拉链。
- 在翻领、衣领和袋盖内部使用黏合衬，而不是传统的车缝衬。
- 减少丝网套印颜色数、热喷涂的乙烯基或闪光印花数量。
- 减少设计中水钻或珠子颜色或刺绣线颜色的数量。
- 从手工缝制的钩眼扣或按扣改为机器缝制的钩眼扣或按扣。
- 在服装上打印标签，而不是购买和车缝标签。

简化整体设计是降低成本的一个好方法，通过简化设计降低人工成本占比。减少设计元素数量也可降低成本，因为每个设计元素都会增加采购、订购、跟踪和接收的成本与时间。当然，没有人愿意穿着单色的基本款服装四处闲逛。服装之美是设计之美，是运用面料、缝制技巧和辅料进行的创造性设计。但是，如果将目标确定为降低成本，那么最好的方式就是减少一些美化服装的设计元素。

8.5 与供应商谈判

与供应商谈判也是降低成本的方法。选用生产企业或采购代理与选用设计一样重要。构建供应链关系有助于品牌成功，但也不是轻而易举的事情。供应商希望通过协作和谈判解决企业的问题，以期能够盈利并继续经营。供应链合作伙伴（应该将他们视为合作伙伴）也有一个庞大的团队，他们必须得到报酬，公司的成功也依赖他们。也就是说，供应商可能愿意对承诺增加订单的服装提供更具竞争力的价格，或者放弃对另外一款价格很低的服装进行谈判。再次强调，这一切都是客户关系。生产经理的工作是获得最低的价格，供应商的工作是在不损害客户关系的情况下争取更公平的价格。当涉及交货日期、人工成本时，尤其是当出现不可挽回的面料、辅料或设计错误时，支持是很重要的。为了维持关系，接受不完美的货物并不少见，但通常会要求降低价格。

在服装批发市场，谈判是常事。一个品牌会与纺织厂、缝纫厂、针织厂、贸易展览管理公司谈判。与贸易展览管理公司谈判是为了用较低的单位面积价格获得展示产品的展位。同样，零售商也与时尚品牌谈判，以获得特定的价格，并为他们销售的特定品牌做广告。就算支付了所有的账单、税款、费用和佣金，要达到预期的目标利润或双倍成本定价50%的平均利润率也是很难的。

8.6　谈判：降低成本及实现利润率

回到第1章，在案例中讨论了一件维多利亚主题的衬衫。如果这件衬衫的落地成本是20.71美元，需要以大约38.00美元的零售价格出售，假设没有商品打折，只能获得45.5%的毛利率。

（零售价格 - 成本）/ 零售价格 = 毛利率
38.00-20.71=17.29（美元）
17.29÷38.00=45.5%

这款服装45.5%的毛利率没有达到预期水平，需要修改款式细节、板型、材料和工艺以降低成本。还有另一种降低成本的方法，就是谈判。与原材料供应商、裁剪、缝制、针织和整理工厂、采购和工厂代理、包装供应商和运输商进行谈判。除了美国的税费、海关费用和入境口岸费外，几乎所有费用都可以协商。

公司如果确实想要做生意，通常会愿意协商以确保生意。当然，第一次与供应商、服务商和工厂谈判的新公司很可能只能谈判一小部分。与一家公司的关系越久，报价就会越好。谈判需要技巧，通常答案就是得到了最好的价格。尽管反复询问会有些难以启齿，但还是建议多问一下，让供应商降低价格，这样有助于实现成本。唯一不建议协商的地方是服装工人的工资。出于商业道德的原因，企业都应该为所有工人争取公平的薪酬，无论他们位于供应链的哪个环节。牛津饥荒救济委员会（Oxfam）的研究显示，平均而言，一件售出服装价格的2%～4%涵盖了服装厂工人的工资。同样，亚洲最低工资联盟的研究表明，"零售服装成本的0.5%～3%归制造服装的工人所有"（Asia

Floor Wage Alliance，2017）。

在孟加拉国、越南和印度尼西亚，平均工资是生活费用的四分之一至二分之一（Nayeem and Kyriacou，2017）。在全球服装工厂工人工资已经非常低的情况下，再对缝制工人的工资谈判确实是不道德的。在网上搜索"Asia Floor Wage"and"Oxfam，What She Makes"，了解更多关于道德工资的细节。

在材料和类似的项目上进行谈判是比较好的，因为这些项目在产品成本中占比更大。在开始要求更低的价格之前，最好研究其他供应商的成本，这样能够得到充分的信息，从而提出对双方都有利的请求。举例说，对于像Repreve这样的纤维供应商，可以通过在产品吊牌或网站上贴上他们的标志，为他们的业务进行推广，从而降低10%的面料成本。一般来说，订单量越大，富有成效的谈判机会就越大。

在几个不同的成本项目上成功的谈判可以使总成本降低4%～14%。通过谈判，一家公司很可能会将维多利亚主题的衬衫平均降价9%。这将使落地成本达到18.85美元。目标售价为38.00美元，利润率增加到50.4%，这是一个双倍加成的水平，是一个可以让企业持续发展的利润。

（零售价格 − 成本）/ 零售价格 = 毛利率
38.00 − 18.85=19.15（美元）
19.15÷38.00=50.4%

通过激烈谈判，利润率可能会增加1%～3%。

8.7　降低间接成本

改变面料、纽扣或细褶裥的数量都是降低直接成本项目中材料和生产成本的方法。但是，如前几章所述，间接成本又如何降低呢？要想获得更大的利润，最理想的方法是评估那些午餐会议的成本、用优步打车约谈的费用，还有大量的样衣面料、辅料和服装，这些都是设计师喜欢采购的。通过减少间接成本和间接成本率，可以在不影响款式质量、设计美感和多样性的情况下增加利润。这点很重要，因为如果只是为了满足价格需求而削减直接成本，可能让一件做得很差的服装进入到质量要求很高的商店，然后遭到退货。退回的物品需要退款，退款等于损失。因此更有理由重视审核间接成本和费用，削减无关的间接成本。为了确保产品不会被退回，请始终进行接缝强度测试（能在接缝处将服装拉开吗）、可洗性（测量、洗涤、晾干并再次测量）、色牢度（清洗、晾干、检查所有组件上的配色）。从头到尾的质量测试和检查，会让公司免于支付返工费用、拒付费用以及那些更严重的退款。

8.8　案例研究：A.伯纳黛特

A.伯纳黛特（A.Bernadette）是一家初创的可持续时尚品牌，它采用各种降低成本的方法来降低开支，同时也减少环境影响。创建产品组合，从款式图开始，到面料选择、样衣制作，都会产生大量的浪费，大量的库存产品也是浪费。对A.伯纳黛特的品牌形象来说，重要的是减少浪费、重复使用和回收，并对其顾客和利益相关者保持透明。下面详细讨论这些节约成本的技术。

产品开发

慢时尚是一种针对快时尚的新型产品开发，它要求设计师深思熟虑，在决定产品为谁做、做什么、在哪儿做、什么时候做、如何做等时，要放慢流程。胶囊系列，即是由基本单品组成的系列，如裙子、衬衫、裤子、短裤等，越来越受欢迎。该系列面向极简主义、知性消费者，也让设计师受益匪浅。一季又一季，设计师可以保持相同的板型，只改变面料或修改现有的产品组合，就这样减少了与产品开发相关的浪费。

制板

如果没有合适的团队，制作新的板型是很花钱的，也很有挑战性。设计师必须了解面料特征，制板师对服装尺寸和结构起着重要作用。如果没有这些核心员工和雇佣专业人员预算，开发一个产品组合的时间可能会比预期长得多。建议创建原型板、基本纸样，以用于开发其他款式。花时间与样板师一起制作原型板，从原型板中选取样衣，可以节省时间和金钱。许多设计师渴望看到其设计变为现实，会跳过这一步。如同粉刷一个房间，开发一个产品组合，90%是准备，10%是实际的操作。建议学习制板课程，学习如何修订纸样。A.伯纳黛特首先举办了一个产品规划研讨会，以开始他们最近的产品开发。对朋友和家人进行了测量和分析，以确定款式和尺寸。新晋设计师的第一个顾客通常是他们圈子里的人。接下来，A.伯纳黛特制作了样衣，并再次邀请朋友和家人来试穿服装。虽然这些人不是专业的试穿模特，但A.伯纳黛特知道在创造一个产品组合的过程中，融入顾客会带来什么样的附加值。

面料的循环利用

越来越多的再生面料可供设计师使用。产品组合开发完成后，大型设计公司会扔掉15%的面料。这些面料即使是全新的，也会被填埋。一家名为FABSCRAP的面料回收公司，从纽约市废物流中回收纺织废料。该公司挑选不再需要的布料，并将其运送到布鲁克林的仓库进行分拣，为大大小小的设计师提供服务。100%纯纤维面料更容易回收，例如100%羊毛或100%棉，而混纺面料更难回收。学生、可持续发展倡导者和手工艺者参观面料回收公司后，可帮助分拣面料，并换取5lb（1lb=1磅≈0.4536kg，约2.2kg）的免费面料。一名A.伯纳黛特志愿者，用一个夏天获得了50lb（约22.5千克）的免费面料，送到乌干达制作样衣。再生面料的创造设计可能会带来许多挑战，但设计师们正在迎接这些挑战，改进纸样来消除浪费，又称为零浪费纸样制作计划。在网上搜索"FABSCRAP"，查找更多信息。

为顾客设计

前面谈到的产品开发、纸样制作和循环面料等三种技术，总的主题是以顾客为中心。减慢这一过程，可以让设计师不断从顾客那里收集信息，从而得到更好的产品和更少的滞销商品。将顾客融入设计过程比以往任何时候都重要，"你的服装为谁做的？"回答好这个问题，并以真实、透明的方式去为顾客做设计。

8.9　总结

有些款式是设计师在参观时装秀或博物馆后构思出来的，许多款式是通过使用收费的趋势分析数据库研究设计的，所有这些都从样衣开始。为了降低成本，从样衣到生产、材料、辅料，甚至设计都可以改变。

另一类降低成本的方法是与供应商谈判。谈判在服装市场上是持续不断的，从事商业时间越长，谈判能力就越强，关系也就越好。工厂员工和其他底层员工也是合作伙伴，他们必须得到适当的财务和道德可持续性补偿。

赚取更大利润的理想方式是评估那些午餐会议成本、优步打车约谈成本，还有大量样衣面料、辅料和服装，这些都是设计师喜欢采购的。经营中使用的日常必需品不是免费的。

最后，产品要按照规格制造和运输，确保退款尽可能少。最好的进攻就是最好的防守，如果服装总是缝制得很好，在使用洗衣机和烘干机后不会缩水或失去色泽，成本就会降低。

本章回顾与讨论

1. 哪三类人参与产品试制，他们的角色是什么，这些人是直接成本还是间接成本因素？

2. 追踪SAMs和来料加工成本有什么关系？

3. 为什么一个公司可能会从数字尺码改变为S、M、L来降低成本？

4. 如何将"少即是多"这句老话应用于降低成本和可持续发展实践？

5. 降低成本的极限是什么？利润应该比职业关系或道德问题更重要吗？

6. 为什么较大的订单量有时会减少降低成本的需求？

活动与练习

1. 作为一名设计师或产品开发人员，设计一种特殊的夹克款式，在这种服装的生产中，面料、辅料和物料的总目标成本为45美元。这种外套款式采用意大利100%羊毛西装面料制成，100%真丝衬里、名牌金属拉链和内袋纽扣。此外，有袖头、垫肩，在口袋开口和翻领处有黏合衬。还有四个单独的标签用于品牌、原产地、尺码和洗水标。现在，落地成本为60美元，比预算多15美元。在本章中，降低目标成本的不同方法有哪些？如何通过不同的降低成本方法来降低成本？创建一个可能的解决方案，用于降低目标成本。

2. 看看西装夹克、西装外套、派克大衣或摩托车夹克。注意衣领、衬里和所有细节的内衬。如果你是这件夹克的设计师，你会做出什么改变来将零售价降低20美元？思考经过这些变化后，这件服装还会有同样的质量、外观、合身吗？所有这些直接成本因素都给产品增加了价值吗？

3. 考虑这三种衬衫款式的SAMs值：基本T恤=3～5SAMs；标准polo衫=6～12SAMs；燕尾服衬衫=20～30SAMs。为什么每个款式都有特定的SAMs？比较每款产品的价格，平均定价是否与平均SAMs一致？为什么？

关键词

滞销商品　deadstock		零浪费打板　zero-waste pattern making

第9章 可持续发展成本核算

9.1 服装可持续发展成本

无论在哪儿，不管是大品牌还是小品牌，都重视可持续发展计划，并将企业社会责任计划纳入他们的战略。可持续发展是一项紧迫的运动，品牌可以通过多种方式将更可持续的商业实践纳入其设计、开发、生产和分销环节中。多数可持续行动，开始都被认为是增加了成本，但必须认识到，长远来看，可持续行动一定能节省资金并创造利润。

在"绪论"中的第一段有一句话，"在这个瞬息万变的时尚世界里……也不能一成不变地进行成本核算"。业内或准备进入服装行业的每个人都必须意识到，在服装领域所做的一切，包括成本核算的方式，都不可能保持不变。公司不能只把重点放在降低服装成本以及不断增长的利润上，忽视对地球上的社区、人和水资源的影响。旧模式导致了一个商业优先、生物多样性滞后的世界。

服装是一个创意性行业，在这个领域，设计师和商家使用颜色、材质、线条、图案、印花和造型开展商业运作。新面料技术赋予设计师们激情和能量。剩余的橘子皮正在变成纱线，通过培养康普茶细菌来生产纤维和副产品，生产样衣或产品的剩余面料正在提供给年轻的、未来的设计师。一个通常被视为重复和同质化的行业，正在成为一个有希望、重新焕发出创造力的行业。

关于成本计算，也许是时候不要再纠结于成本表和数字计算了，而应该像第1章中建议的那样，除了损益表的利润之外，看看还可以通过哪些方式来衡量利润。费用增加并不总是负面的。顾客正在寻找与其价值相匹配的产品和品牌，并在世界各地创造机会。公平贸易，即在劳动力成本上增加额外费用（满足生活工资标准的额外成本）的做法，创造了一些机会，如建设学校、医疗保健和其他有助于发展社区与地方经济的社会倡议。这是社会、品牌和顾客三赢的做法。

整本书都在建议在成本表中不断增加成本项目，用来支付直接工厂采购和产品开发费用以及折价和清仓损失。建议采用这种方法，让企业长期向前发展，并维持自身和所有员工发展。当全部成本已经考虑过了，不管赚多少利润，所有需要支付的成本都支付了，留存的利润不能只留在报表上，而是要不断推动公司向前发展。

今天对可持续发展的关注也是如此。必须增加成本项目，既要包括日常经营成本，也要包括有益于地球的生产成本。不仅要跟踪成本，确保支付费用和成本后获得收益，还要增加成本项目，用于谋求全世界人类的福利，建立和实施项目管理，保护全球的清洁水、空气、土地和栖息地。

服装是一个庞大而复杂的全球产业，拥有成千上万个不同的全球供应链网络，生产以及空运、海运，向世界每个角落交付各种类型的原材料和产品。降低成本和不断增加利润的要求，导致了成本的外部化。成本外部化意味着存在一些看不见的、企业没有支付的费用，需要其他人来支付。学生们进入职场后，往往会发现，他们的价值观和道德观与企业不同。

企业设计、生产和分销产品的方式导致了世界许多地方生活质量下降，并加剧了人为因素的气候变化。这些间接影响，需要像间接成本一样，逐一列出并跟踪。还有其他方法计算利润。对于一本有关成本核算的书，不仅要讨论销售收入和利润、毛利公式、间接费用率、利润率、标准工时、作业池、税率和直接成本，还必须在成本核算过程中研究生活质量和地球责任问题。许多服装和相关企业现在都有可持续发展的理念，顾客也是如此。一些具有盈利能力并推动这一变化的服装公司有：巴塔哥尼亚（Patagonia）、李维斯、帕特服饰（Pact Apparel）、艾芙兰（Everlane）、艾琳·费希尔（Eileen Fisher）、玛拉·霍夫曼（Mara Hoffman）、雷孚门生（Reformation）等。

上面这些公司以及其他公司都知道，创造负责任和可持续的产品成本更高。尤其是在开始的时候，需要提高一些产品价格来做这些善事。通常初始成本较高，随后都会减少。将一些需要填埋的废物再利用就是这样的（如使用可回收箱子的运输订单）。可持续行动和计划付诸实施后，实际上，可持续计划不再需要更多的成本。当可持续性费用发生时，平均而言，增加的成本会从可预见的、积极的宣传以及销售增加等好处中得到补偿。

正如第8章中描述的那样，削减成本将服装行业逐步带入快速生产廉价、低质量、不合身产品的境地。这个行业一路走来，所到之处的空气和水受到污染，为新塑料纽扣或聚酯纤维开采石油，辛勤工作的农民、后整理工人和缝制工人没有休息，也没有体面的生活工资。这些外部化成本必须添加到成本表上，成为用现金支付的无形购买项目。

因此，如果不支付这些成本，是无法跟踪这些成本的。能在成本表上为这些外部成本分配相应费用吗？答案是肯定的，可以将这些成本内部化，这样成本表就可以涵盖它们，如同将产品开发成本加载到成本表中一样。当逐渐实施可持续纤维、项目或实践时，就可以跟踪这些成本。将化解不利于社会和环境的因素列入成本表后，服装的成本会高一点，但这些产品将减少二氧化碳和有毒化学品的排放，实现零浪费和公平贸易。这些工作做好了，可用来营销，并将推动销售。

要不断增加社会责任活动，并在直接成本和间接成本、固定成本和可变成本的项目中跟踪这些活动。费用可以按季节、季度、年度进行跟踪，然后进行统计。当然可以从毛利中获得报酬。但正如反复提到的那样，这种毛利必须付出更多，以至于之后剩下的利润很少，通常只有10%～15%的利润率。

因此，在当今世界，所有公司都应分担责任，减少污染，实行水资源管理，使用可再生能源，使用更少的自然资源以应对日益增长的人口。成本表中应增加一个成本项目，以支付实施上述计划或方案的额外成本。

为了应对未来的这种变化，建议在成本表中为所有正在实施的可持续发展或道德行动计划增加一个可持续成本项目。在成本表中增加可持续成本的做法，就是生态加载。生态加载确保采购的每个成本项目，都有助于改善相关生产人员生活、环境以及补偿相关生产中造成的任何伤害。为实现生态加载，应按季或年统计所有实施项目的费用、工资和开支的预期总额，包括公司供应链、办事机构或销售场所，如表9-1所示。用总费用除以公司上一季度或年度同期的预期收入，计算生态加载占比。

表9-1　各种可持续实施成本跟踪表（用于绘制、列表、计算、跟踪全部生态成本）

计划描述	场所	成本总计
温室气体减排 / 可再生能源 计划：＿＿＿＿＿＿ 目标：＿＿＿＿＿＿	办公室 / 陈列室 / 工作室	
	仓库 /DC/ 自有品牌商店	
	自有品牌运输	
	加工厂 / 工厂	
减少能源 计划：＿＿＿＿＿＿ 目标：＿＿＿＿＿＿	办公室 / 陈列室 / 工作室	
	仓库 /DC/ 自有品牌商店	
	自有品牌运输	
	加工厂 / 工厂	
节约用水 计划：＿＿＿＿＿＿ 目标：＿＿＿＿＿＿	办公室 / 陈列室 / 工作室	
	仓库 /DC/ 自有品牌商店	
	自有品牌运输	
	加工厂 / 工厂	
减少废物 / 回收 计划：＿＿＿＿＿＿ 目标：＿＿＿＿＿＿	办公室 / 陈列室 / 工作室	
	仓库 /DC/ 自有品牌商店	
	自有品牌运输	
	加工厂 / 工厂	
健康材料 / 排毒 计划：＿＿＿＿＿＿ 目标：＿＿＿＿＿＿	办公室 / 陈列室 / 工作室	
	仓库 /DC/ 自有品牌商店	
	自有品牌运输	
	加工厂 / 工厂	
农业 / 林业 计划：＿＿＿＿＿＿ 目标：＿＿＿＿＿＿	办公室 / 陈列室 / 工作室	
	仓库 /DC/ 自有品牌商店	
	自有品牌运输	
	加工厂 / 工厂	

续表

计划描述	场所	成本总计
原生塑料 / 减少石油化工 计划：_____ 目标：_____	办公室 / 陈列室 / 工作室	
	仓库 /DC/ 自有品牌商店	
	自有品牌运输	
	加工厂 / 工厂	
生态认证 / 合规性 / 组织 计划：_____ 目标：_____	办公室 / 陈列室 / 工作室	
	仓库 /DC/ 自有品牌商店	
	自有品牌运输	
	加工厂 / 工厂	
公平生活工资 计划：_____ 目标：_____	办公室 / 陈列室 / 工作室	
	仓库 /DC/ 自有品牌商店	
	自有品牌运输	
	加工厂 / 工厂	
SDG 条款应用 计划：_____ 目标：_____	办公室 / 陈列室 / 工作室	
	仓库 /DC/ 自有品牌商店	
	自有品牌运输	
	加工厂 / 工厂	
补偿 计划：_____ 目标：_____	办公室 / 陈列室 / 工作室	
	仓库 /DC/ 自有品牌商店	
	自有品牌运输	
	加工厂 / 工厂	
可持续发展总成本		

　　假设一个中型的公司2018年的销售收入为90万美元，并计划在2019年花费4万美元用于认证、培训和无水染色计划，计算结果如下：

> 可持续 / 道德计划总成本 ÷ 销售额收入 = 生态加载率 %
> 40000÷900000=4.4%

图9-1　生态成本标签

　　在这个案例中，如果所有物品的成本增加4.4%，无论是一副25美元的耳罩、75美元的卡其裤，还是一件300美元的外套，其中一小部分都将用于环境和社会公平，这是一个可以在吊牌、标签和社交媒体页面上做广告的营销机会，如图9-1所示。就像那些在加州餐馆就餐的人，要在账单上加上3%~4%的费用，来支付餐馆员工的医疗费。在这个新的时代，服装行业也要如此。

一份包含采购、产品开发和折价准备以及可持续行动的成本表，在当今不断变化的世界中，真正反映了服装价格：在这个行业里，一家公司只有盈利，才能为世界和所有利益相关者做善事。

表9-2所示为加载了生态成本的成本表。

9.2 服装企业TBL战略

可持续发展计划源于三重底线原则（简称TBL战略）。根据TBL战略，公司面临同等重要的三重底线，即经济底线、社会底线、环境底线。公司可以应用TBL战略，为三重底线设定需要努力达成的目标，并以不同的方式衡量TBL战略在经济、社会、环境等各自领域取得的利润。TBL战略具体内容如下。

9.2.1 环境

这个领域的利润通过环境公平和正义方案实施与进展情况来评估，依据是减少自然资源的使用和污染，并致力于清洁空气、水管理和生物多样性的程度：

- 制订一项气候行动计划，以减少整个供应链的能源使用和温室气体排放，并采取措施实现基于科学的目标，如到2040年实现零排放。
- 制订减少废物的计划，目标是减少送往填埋场的废物数量，回收或重新利用所有废物。
- 建立减少并最终消除化学品的目标，要求所有供应商减少有毒杀虫剂、染料、整理剂等的使用。
- 建立减少污染或向当地水道倾倒废水的目标，努力提高用水效率。
- 制订防止栖息地丧失计划，强调所有物种和植物的健康生存环境开发与重建。
- 制订一个补偿计划，补偿公司无法减少的负面影响。抵消包括植树、投资太阳能或风能、其他自然碳捕获项目。

9.2.2 社会

在这一领域，利润由实施社会公平和正义方案实施与进展情况来评估，依据是公平就业、体面的工资和社区发展：

- 实施一项计划，在当地雇用人员，支付公平的生活工资，不分种族、性别、性取向和宗教，人人平等。
- 启动一个允许工人休息的咖啡休息项目。或者承诺取消任何威胁工人、以任何理由克扣工资或强迫每周工作超过48小时的工厂。
- 制订一项计划，培训当地劳动力市场员工，确保所有工作人员都能获得医疗保健。

表9-2 加载生态成本的空白传统成本表

传统成本表					
日期:		公司:			
款式代码:	样衣代码:	季度:			组别:
尺码范围:	样衣尺码:	款式描述:			
面料:					
面料	估计用量	单价（$/yard）	估计成本	估计总成本	款式图
面料 1:					
面料 2:					正面图
运费:					
辅料	估计用量	单价（$/yard/gr/pc）	估计成本		
辅料 1:					
辅料 2:					
辅料 3:					
运费:					
物料	估计用量	单价（$/yard/gr/pc）	估计成本		
物料 1:					
物料 2:					
运费:					
人工	直接人工	临时合同用工			
裁剪:					
缝制:					背面图
后整理:					
吊架 / 放码:					
商品直接估计成本					
代理佣金率（%）					
运费估计					
关税税率（%）					
清关费用率（%）					
本地运费					
产品开发成本					
工厂采购					
折价 / 清仓					
加载生态费用占比（%）					
其他成本总计					
LDP/DDP 的估计成本					
批发毛利		目标毛利率（%）	100%–MU%	毛利	
批发价格					
零售毛利		目标毛利率（%）	100%–MU%	毛利	
零售价格					
制造商建议零售价格（MSRP）					

● 为办公室和工厂员工的儿童保育提供空间和工作人员。

9.2.3 经济

最后这个领域，利润的评估方法是，在改善企业所在社区居民生活方面所花费的开支：

● 实施就业增长计划，促进社区蓬勃发展，让资金在利益相关者生活和工作的地方流动与交换。
● 员工有足够的工资用于随意或愉快的消费，如去电影院。
● 重复使用包装、塑料袋、盒子和多余的材料。

如果将产品生产所在地居民生活改善作为利润评估的标准，企业一定能成功。如果将减少释放到空气中的二氧化碳作为利润评估标准，消费者就会做出积极的回应。以上这些因素可以为公司业务创建新的经营模式和成本计算框架。在这个框架中，公司努力实现的收益，通过评价公司生产行为对生产场所及其工作人员的改善程度来衡量。

彪马（Puma）就是一个示例。众所周知，彪马公司曾与普华永道会计师事务所（Pricewaterhouse Coopers）合作，编制了广受好评的环境损益表（EP & L）。他们用这个来比较、对比，并学习改进每种产品。彪马的环境损益表为空气和水污染、温室气体排放、土地变化和废物再生分配了成本。通过向所有人发布这些评估，他们创造了一种积极的氛围，无论减少多少成本都无法产生这种氛围。

表9-3所示为一个受彪马启发的环境损益表陈述草图示例，表中从成本的角度比较了传统种植棉花T恤（左）和旱作、免耕、再生种植棉花T恤（右）生态成本的差异。

表9-3 两种T恤的环境损益表比较

便利的棉质丝印 T 恤		数字印刷的德鲁农场 T 恤	
温室气体排放	$2.00	温室气体排放	$1.50
使用能源	$0.75	使用能源	$0.50
使用水	$1.00	使用水	$0.30
废物和垃圾	$0.50	废物和垃圾	$0.40
使用土地	$0.40	使用土地	$0.35
使用化学品	$0.50	使用化学品	$0.35
环境总成本	$5.15	环境总成本	$3.40
零售价格	$30.00	零售价格	$32.00

续表

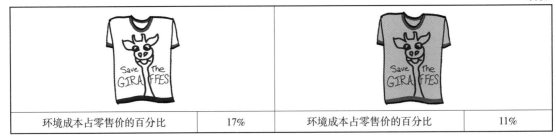

环境成本占零售价的百分比	17%	环境成本占零售价的百分比	11%

> 　　另一家创新和可持续的服装公司是玛拉·霍夫曼，他们证明在一个领域的支出可以抵消另一个领域的支出。
>
> 　　在纽约的玛拉·霍夫曼设计工作室和陈列室，副总裁兼可持续发展总监达纳·戴维斯（Dana Davis）建议："我们不断努力降低办公室的能耗。在非常明亮的日子里，我们经常关灯工作，并尽可能让窗户一直开到夏天，只有当身体热到受不了时，才会关闭窗户，打开空调。"
>
> 　　该公司采取的节能措施减少了电费，也有助于抵消许多社会责任成本，如使用可降解塑料袋。

　　当一个公司浪费少了，他们在经济上就更具有责任感了。可持续发展企业的目标是平衡三大支柱：环境、社会和经济，在做出决策时要牢记这一点。可持续实践越多，收入就越多，从而有更大的现金流。只要计划和实施可持续行动，就能帮助一家公司实现51%或更多的利润（Willard，2017），因此需要应用现金流和利润来不断开展可持续活动。

　　此外，公司可以使用联合国17个可持续发展目标（The United Nations 17 Sustainable Development Goals，以下简称SDGs）作为指南。企业可以选择一个或两个可持续发展目标作为愿景，并创建一个带有可衡量目标的计划和路径，以帮助实现可持续发展的目标。一家公司想努力实现SDGS的第2个目标：零饥饿，他们现在为印度工厂的所有工人每两个月举办一次晚宴。每个人都能得到一顿营养均衡的膳食，并享受这种友谊。这顿饭会让品牌成本多一点，但是他们的工人很高兴并感受到尊重，而且很可能更有效率。工人开心了，人员流失就减少了，在培训新员工上的时间和金钱就少了。这意味着间接成本的因素减少。

　　在计算服装成本时，需要牢记TBL战略、环境与社会计划以及可持续发展的目标。可持续成本核算重点关注承担道德与社会责任的生产、废物减少、能源效率和透明度等方面，从而使这些因素显示在成本表上。每款产品的生态加载率，大公司2%～5%、小公司5%～10%不等，但这些成本最终不能再外部化。如果生态加载超过10%，建议该公司努力教育他们的顾客，讲述他们为改善地球和打击社会与环境不公正所做的事情。通过引人入胜的故事和视觉效果，向消费者说明其价格中所包含的一些好的项目和计划。品牌要计划、评估、管理和监督企业可持续发展计划，当他们在定价中增加可持续发展费用时，顾客也会对他们所做的善事更有责任感。

　　作为地球公民，需要努力减少自然资源的滥用，尽可能创造一个无化石燃料的环境。因此，在"降低成本的方法"中讨论选择合成纤维而不是天然纤维时，这是陈旧的想法。新的想法是这样的：聚酯来自石油，石油是从地球上提取的，然后熔化和挤压以生产纤维。这一过程向大气排放了大量的二氧化碳，因此对气候变化有很大影响。所以，在谈判和减少款式数量以降低成本时，通常还会增加上述的这些外部成本。

服装行业，是创意行业，需要核算服装成本，确保企业繁荣，但是也必须持开放态度，以适应世界的变化。世界在变，让你的画笔更加犀利，敞开心扉，像对待成本表上每一项成本一样，花尽可能多的时间思考美丽的细节和华丽的造型。

可持续经营公司认识到，其业务与所有人和整个世界是相互关联的。在成本表上创建一个不受上面因素影响的成本项目，看起来不太合适，因为衡量人的价值不能像测量三码面料那样简单；但作为一个行业，必须考虑地球、人类以及顾客。顾客确实关心地球和它的未来。顾客对企业的间接成本、间接成本率和标准工时没有兴趣。也许可以想象如何创造性地设计时尚和负责任的产品，并将其推向市场。在创造时尚的过程中，记住内部和外部的每一项成本都是适当的：为了地球、为了企业、为了顾客，最终为了利润。

9.3　区块链技术

顾客要求他们所了解和喜爱的品牌更加透明，区块链技术成为可行的解决方案，其提供了从纤维到最终服装的数据共享和管理新范例。当前的信息系统，如PLM和WebPDM，提供了设计师、买家、生产企业和价值链上利益相关者之间的连接，但只有当每个参与者都拥有采用统一系统的技术和基础设施时，它们才可用。

区块链对其他信息系统也有类似的挑战，但其价值主张在于其分布式数据存储。区块链旨在开创一个点对点、实时数据共享的新时代，在这个时代，数据可以在不需要交易双方相互信任的情况下，进行身份验证。这种无须双方信任支持的系统，可以支持透明的供应链，因为一旦将信息上传到系统中，就不可篡改。因此，如果供应链上的交易方都希望实现透明，他们可以相信其他参与者也遵守同样的标准。区块链提供了希望：为更多顾客提供信息，但仍然要求品牌允许顾客访问信息。没有供应链上所有利益相关者的大力支持，区块链仍然只是一个行业工具；然而，它有能力发展成为一个伟大的消费者工具，从农民到消费者，提高品牌忠诚度、信任度和透明度。

9.4　总结

必须在成本表中增加一个成本项目，它不仅包括日常经营成本，还包括对地球有积极作用的生产成本。地球和居住在这里的人们受到不可持续的经营活动的影响。在设计时考虑到可持续性，公司会减少负面影响，以满足越来越明智的顾客群。

生态加载是记录所有可持续发展支出的过程。虽然成本最初看起来像是一种负担，但可持续性措施通常也会以利润的形式获得成功。

成功不仅可以用利润来评估，还可以用影响来评估。有三种主要方式可评估影响：环境、社会和经济。如果以产地人民生活改善程度和二氧化碳的减少程度来评估利润，企业就会成功，顾客和生产企业也会成功。大家都希望开发出成功的产品，打破常规，而非高昂的成本或毁灭地球，请在今后所有成本项目核算中，考虑可持续性。

本章回顾与讨论

1. 什么是生态加载率？为什么一些公司把这些成本加到他们的成本表上？

2. 你如何向祖父母解释成本中的可持续成本？

3. 生态加载率如何根据企业规模而变化？为什么？

4. 李维斯公司因其令人兴奋的"100 by 25"计划而受到称赞。这个计划的目标是到2025年，在所有李维斯拥有的房产上使用100%的可再生能源。他们每款产品的价格只上涨了几美分。这是为什么？

活动与练习

1. 想象一下，你拥有一家服装公司，想为妇女和女孩争取更多的权力。你决定创建一个项目，使用可持续发展目标的第五条性别平等作为框架。你可以引入什么计划来帮助你的利益相关者？这个项目是针对谁的？会涉及什么？这会有什么成本影响？你将如何跟踪和评估它是否成功？

2. 研究企业可以加入的补偿项目。它们要花多少钱？每月？每年？假设你生产大约9000件服装／季节，平均零售价为55美元。如果你在一个季节里开始这个补偿项目，你的生态加载率是多少？

关键词

生态加载　eco-loading

参考文献

［1］Apparel Costing（2017），"What is the Meaning of SMV？| SMV of Different Apparel"，© Apparel Costing blog spot，June.

［2］Asia Floor Wage Alliance（2017），"Asia Floor Wage What is it and why do we need one？"，AFWA.

［3］Baldwin，Cory（2017），"Here's How Much It Actually Costs to Make Your Shirt"，Racked，6 January.

［4］Belgum，D.（2018），"Tariffs on China Could Broadly Affect Clothing and Footwear Imports"，California Apparel News，22 March.

［5］Birnbaum，D.（2008），"Birnbaum's Global Guide to Winning the Great Garment War"，Birnbaum Garment，1 July.

［6］Blum，K.（2018），"Questions about Customs Broker fees for new textbook: The Apparel Costing Workbook"，Email. Coats（2014），"Thread Consumption Guide"，Coats Group plc，November.

［7］Creglia-Atwi，J.（2018）Phone conversation and email with author Andrea Kennedy.

［8］Hughes，A.（2005），"ABC/ABM－activity-based costing and activity-based management"，Journal of Fashion Marketing and Management，Vol. 9 No. 1，pp. 8－19. 1 March.

［9］Kennedy，A.（2017），"On Creating Right-Brained Fashion"，The Fashion Studies Journal，6 May.

［10］Lu，Sheng（2018），"Wage Level for Garment Workers in the World（updated in 2017）"，Sheng Lu Fashion，4 March.

［11］Mui，Ylan Q. and Rosenwald，Michael S.（2008），"Wal-Mart Shelves Old Slogan After 19 Years"，Washington Post，28 March，updated 25 May 2011.

［12］Nayeem Emran，S. and Kyriacou，Joy.（2017），"What She Make，Power and Poverty in the Fashion Industry"，Oxfam Australia，October.

［13］Noah，David（2017），"Freight Forwarder Pricing: What Are These Extra Fees on My Invoice？"，Shipping Solutions，6 December.

［14］Reagan，Courtney（2018），"You're already paying tariffs on clothing and shoes，and have been for almost 90 years"，CNBC，updated 6 April.

［15］Sarkar，Prasanta（2011），"Standard Minutes（SAM or SMV）for Few Basic Garment Products"，Online Clothing Study，25 September.

［16］Talekar，Sunil（2014），"Line Balancing"，© SOFT Student Handouts，3 January.

［17］Tuovila，Alicia（2019），"Bottom Line"，Investopedia，9 August.

术语对照表

作业成本法 activity-based costing：一种为每个生产活动和间接费用分配货币价值的成本核算方法。

实际成本 actual cost：在订单生产、运输和销售后，对一种或多种款式成本的评估和确定。也称为产后成本。

人工清单 BOL（bill of labor）：列出不同活动花费多少分钟或小时劳动时间的文件。

物料清单 BOM（bill of materials）：服装生产中包含的所有面料、辅料、配件及其他材料以及供应商名称和所有纤维详细信息等的列表。物料清单包括全部色样，且与成本表中的材料是一致的。

最后一行 bottom line：利润是损益表上的最后一行（底部）。指公司在一定时期内的总净利润（收益），以美元为单位。

拆单 break bulk：将大订单拆分，以分发给多个零售商。

退款（退款率）chargeback：当收到的订单不完整、延迟或没有严格按照零售商/供应商事先规定时，零售商/供应商从批发商/生产企业的发票中扣除的金额（或比例）。

到岸价格 CIF（cost, insurance and freight）：由货物生产、交付到港口或装卸码头、装上船、飞机或卡车上的装运成本及沿途适用的保险费组成。成本不包括关税、清关或当地运输费用。货物生产企业的责任在货物到达目的港时终止。

来料加工 CM（cut and make）：这是一个服装生产术语，是裁剪和缝制服装/物品的成本。只有人工成本，不包括样板制作、材料、吊牌、包装、运输或税收。工厂的责任只是生产货物。

来料加工 CMT（cut, make, and trim）：这是一个服装生产术语，是服装/物品裁剪、缝制、剪线、吊牌和检查的成本。该成本一般不包括样板及面料成本，也不包括运输或税收。

来料加工 CMTP（cut, make, trim, and pack）：与 CMT 生产术语基本相同，但有些工厂 CMTP 报价为全包生产，容易与上面生产术语产生混淆。

商品成本 COGS（cost of goods）：与一件或一组服装相关的材料和人工成本。

竞争性定价 competitive pricing：一种价格策略，在这种策略中，产品定价适合竞争。

原产国 COO（country of origin）：货物缝制所在的国家。

成本估算 cost estimating：开发阶段早期的成本估算。也称为生产前成本核算、样衣成本核算、或预测成本计算。

指定地完税后交货 DDP（delivered and duty paid）：由货物制造成本，交付至港口/装货码头、装上船费用、运费、保费、从船只上卸载、通过海关、关税/已支付的货物装载至当地货代，并交付至仓库/零售商等的所有成本组成。成本包括货物到达买家手中的所有费用。

人口特征 demographics：顾客特征，如性别、年龄、婚姻状况和教育程度。

确定成本 determined cost：针对某一服装款式完工后，根据已知面料、辅料和人工成本，加上间接成本、运输成本，关税和清关费用计算的，也称为生产成本、最终成本或标准成本。

直接成本 direct cost：面料、里料、辅料、物料、纸样和所有所需直接人工的价格总和（也称为第一成本）。

直接采购 direct sourcing：在海外直接找加工厂和供应商。

直接面向消费者 direct-to-consumer：生产企业直接向消费者销售。

折扣（折扣率）discount：当顾客使用优惠券或员工、军人、熟客或任何其他折扣优惠购买商品时，零售商从商品的全价中扣除的金额（比例）。

关税 duty（tariffs）：对在国外生产的商品征收的税。

生态加载 eco-loading：为适应可持续发展和承担社会责任，在成本中增加一定占比，并列入成本表中。

企业资源规划 ERP（Enterprise Resource Planning）：为生产企业在开发和生产服装提供信息共享和获取信息。

每日最低价 every day low pricing：一种将产品设定在低价，并始终保持在低价的价格策略。

出厂价 ExW（Ex-Works）：货物的生产成本，不包括装卸、运输和税等费用。商品生产企业的责任止于出厂前。

面料消耗 fabric consumption：生产一种款式所需面料的码数或米数（也称为面料用量）。

面料用量 fabric yield：生产一种款式所需面料的码数或米数（也称为面料消耗）。

船边交货价 FAS（free alongside）：货物生产和交付到港口、装卸码头等的费用。费用不包括从船、飞机或卡车卸货费用及运输与税收费用。货物生产企业的责任在货物交付给托运人时终止。

时尚产品 fashion items：流行或销售周期较短的产品。

最终成本 final cost：针对某一服装款式完工后，根据已知面料、辅料和人工成本，加上间接成

本、运输成本，关税和清关费用计算的，也称为生产成本，最终成本或标准成本。

直接成本 first cost：面料、里料、辅料、物料、纸样和所有所需直接人工（也称为第一成本）的价格总和。

固定成本 fixed cost：不随月份或订单变化的成本。

离岸价 FOB（free on board）：由货物生产、交付到港口或装卸码头、装上船、飞机或卡车上的装运成本。费用不包括运费或税费。货物生产企业的责任在货物装上运输船只时终止。

全包装生产 FPP（full package production）：服装生产术语，是服装/物品裁剪、缝制、辅料、吊牌、检验和包装成本，包括制板、样衣和原材料采购，不包括运费和税金。

货运代理 freight forwarder：组织货物运输的人。

地理特性 geographics：与地理位置相关的客户特征。

高一低定价 high-low pricing：销售期内，产品价格开始定的高，然后降价刺激客户购买的价格策略。

杂费 incidentals：增加的不可预见费用。

损益表 income statement：公司在一定时期内的财务业绩。一般来说，损益表是一页纸，包括总销售收入和收入总额，减去商品成本、税金、营业费用和其他费用，得出特定时期的净利润（或亏损）。

国际贸易术语 incoterms：在制造、进口和出口中使用的通用术语，定义了卖方和买方在合同履行中的责任。由国际商会（ICC）出版。搜索ICCWBO网站，了解更多关于条款的详细信息。

间接成本 indirect cost：企业经营活动必需的，有助于服装生产的相关程序、活动的费用。

双倍定价法 keystone：以两倍于生产或购买成本定价的方法。

色样 lab dips：用于配色、质量和重量测试的

面料和辅料的批核样品。

落地 landed：支付了清关费用的船运方式。

目的港税后交货 LDP（landed and duty paid）：货物成本由制造、交付至港口/装货码头、装上船、运费、保费、卸货通关费用以及关税组成。

价格清单 list price：批发商建议零售商出售其产品的价格。也称建议零售价（SRP）、制造商建议零售价（MSRP）或推荐零售价。

制造商建议零售价 manufacturer's suggested retail price：批发商向零售商推荐其产品的价格。也称为建议零售价（SRP）、推荐零售价或价格清单。

折价（折价率）markdown：当商品不能以全价出售时，零售商对商品的折价金额（比例）。折价有助于销售未完成、延迟、损坏或客户认为不需要的产品。

成本毛利率 markup percent：（销售金额−成本）/成本。

全渠道 omni-channel：品牌选择所有分销渠道来销售商品。

间接费用 overhead：与产品的生产没有直接联系的业务费用，但其存在是为了业务的运作。

间接费用率 overhead percent：间接费用和直接费用之间的关系。间接费用率=间接费用/直接费用。

渗透定价 penetration pricing：一种价格策略，为了提升销售量，制定较低的产品价格和毛利率。

感知地图 perception map：用于识别市场或竞争对手差距的研究工具。

产品生命周期管理 PLM（Product Lifecycle Management）：通过设计、开发、材料采购、生产和分销来管理产品信息的软件。

测量点 point of measure：沿身体的特定点，确定服装的结构、尺寸和合身程度。

POS 系统（point of sales）：销售现场的设施。

生产后成本核算 post-production costing：在订单生产、运输和销售后，对一种或多种款式的实际成本进行评估和确定，也称为实际成本。

成本预测 pre-costing：开发阶段早期的成本初步估计。也称为生产前成本核算、样衣成本核算、成本估算、预测成本核算。

生产前成本核算 pre-production costing：开发阶段早期成本的初步估计，也称为样衣成本核算、成本预测、预测成本核算。

预测成本 predictive costing：开发阶段早期成本的初步估计。也称为生产前成本核算、样衣成本核算、成本预测、成本估算。

溢价定价 premium pricing：请参阅地位定价。

价格定位 price point：产品的目标价格。

定价范围 pricing range：品牌维持的价格范围。

自有品牌 private label：一家大型零售商摆脱了中间商或批发商，与生产企业合作开发自己的产品组合。

生产成本 production costing：在产品完工并知道面料、辅料和人工成本后计算的基于产品生产的成本。也称为生产成本、最终成本、标准成本，该成本中，包括间接成本、运输成本、关税、清关费用。

利润 profit：赚得的金额，为产品销售后收入与成本的差额。

利润率 profit margin：利润除以销售价格的百分比。

心理属性 psychographics：与顾客的爱好或兴趣相关的顾客特征。

推荐零售价 recommended retail price：零售商推荐其产品的价格，也称为建议零售价（SRP）、制造商建议零售价（MSRP）或价格清单。

样衣成本核算 sample costing：样衣生产时，在开发阶段早期进行的成本初步估计。也称为生产前成本核算、成本预测、预测成本核算。

原身面料 self-fabric：直接使用服装外表或身体的面料作为衬里或辅料（如包覆纽扣或绲边）。

库存单位 SKU（stock keeping unit）：指一种

款式的最小计量单位。SKU通常是一种款式中颜色的个数乘以尺码个数。

原型板 sloper：一种基本纸样，裁剪缝制后成为三维立体产品。

采购代理 sourcing agent：组织采购，采购材料，确保生产工厂的安全。

标准时间 SAMs（standard allowed minutes）：一项活动完成所需的时间（以分钟为单位）。

标准成本 standard cost：在产品完工并知道面料、辅料和人工成本后计算的基于产品生产的成本。也称为生产成本、最终成本、标准成本，该成本包括间接成本、运输成本、关税、清关费用。

主打产品（基本款）staple items：不会过时并占据系列核心组成部分的产品。

地位定价 status pricing：产品定价较高的价格策略，让顾客产生价值感。

建议零售价 SRP（suggested retail price）：制造商/批发商建议零售商出售其产品的价格。也称为制造商建议零售价（MSRP）、建议零售价或价格清单。

目标成本 target cost：根据顾客可接受的销售价格，确定服装/产品的预期总成本和最大允许总成本。

目标客户 target customer：公司向其销售产品的个人或团体。

技术包 technical package：一套详细的、配有插图的、书面的服装款式生产说明书。

第一行 top line：损益表的第一行。指一家公司在一定时期内的总收入。

美国协调关税表 US Harmonized Tariff Schedule：由美国国际贸易委员会制定的按产品特性分类的税率列表。

价值 value：价格和质量的关系。

价值导向的成本核算 value-based costing：从销售价格向后计算，以确定一件产品的大概成本。

可变成本 variable cost：随着季节和订单大小以及生产的款式和产品的复杂程度不同而变化的成本。

空白市场 white space：空白市场通常会带来市场机会。

批发价 wholesale price：批发商出售给零售商转售的产品成本。

出厂价 X-FTY（Ex-Factory）：生产产品的成本不包括手续费、运费或税费。货物生产企业的责任止于工厂门口（也称为工厂交货）。

说明

这本书的内容完全由作者负责；格柏科技（Gerber Technology）不对本书的内容或在此做出的任何陈述负责。

格柏科技拥有本书中的软件程序版权，只有格柏科技可以授予软件所需的许可证。

图片和信息由格柏科技公司提供。

格柏科技保留所有权。

《国际贸易术语解释通则》受国际商会版权保护。关于《国际贸易术语解释通则》的更多信息可从国际商会网站获取。《国际贸易术语解释通则》和《国际贸易术语解释通则2020》的标志是国际商会的商标。除非上文特别说明，否则使用这些商标并不意味着与国际商会有关联、获得其批准或得到其赞助。

在线资源

随本书提供的在线资源网址：www.bloomsbury.com/cw/apparel-costing。请在您的网络浏览器中键入网址，并按照说明访问配套网站。如果您遇到任何问题，请联系布鲁姆斯伯里：companionwebsites@bloomsbury.com。

成本计算辅助网站提供了额外的工具来帮助您提高成本计算技能，并鼓励您对成本计算和定价进行批判性思考。该网站包括可免费下载的成本表样本、本章末尾的问题和本书中包含的活动，以及进一步的多项选择评估问题，所有这些都是按章排列的，以帮助您熟练计算时装与所有类型的服装和配饰的成本。

成本计算单样板

基本成本表					
日期:		公司:			
款式代码:	样衣代码:	季度:			组别:
尺码范围:	样衣尺码:	款式描述:			
面料:					
面料	估计用量	单价（$/yard）	估计成本	估计总成本	款式图
面料1:					
面料2:					
运费:					
辅料	估计用量	单价（$/yard/gr/pc）	估计成本		正面图
辅料1:					
辅料2:					
辅料3:					
运费:					
物料	估计用量	单价（$/yard/gr/pc）	估计成本		
物料1:					
物料2:					
运费:					
人工	直接人工	临时合同用工			
裁剪:					
缝制:					背面图
后整理:					
唛架/放码:					
商品直接成本估计					
		目标毛利率（%）	100%–MU%	毛利	
销售价格:					

人工成本清单						
日期：		公司：				
款式代码：	样衣代码：	季度：				组别：
尺码范围：	样衣尺码：	款式描述：				
工序描述	类型	基本费率	标准工时	时间	成本 （时间 × 费率）	款式图
				总时间	总成本	

通用人工成本清单						
日期:			公司:			
款式代码:		样衣代码:	季度:			组别:
尺码范围:		样衣尺码:	款式描述:			
工序描述	类型	基本费率	标准工时	时间	成本（时间 × 费率）	款式图
裁剪						
粘衬						
捆扎						
面缝						
里缝						
其他缝						
锁边						
其他缝制处理						
缉面线						
缉其他缝线						
钉纽扣						
开纽孔						
做其他物料						
熨烫						
贴布绣						
绣花						
做装饰						
缉下摆						
剪线						
后整理						
蒸汽熨烫						
压烫						
检查						
挂吊牌						
折叠						
挂衣						
装袋						
包装						
				总时间	总成本	

原材料表						
日期：			公司：			
款式代码：		样衣代码：	季度：			组别：
尺码范围：		样衣尺码：	款式描述：			
原材料及说明	位置	用量	单价（$/yard/gr/pc）	原产地	成本	款式图
					成本总计	

间接成本跟踪表	
公司：	
日期：	
具体项目：	成本总计
办公室／陈列室空间：	
仓库空间：	
物料搬运：	
设备／机械：	
设备／机械维护：	
办公室／陈列室陈设品：	
办公室／陈列室用品：	
工资：	
佣金：	
公共事业：	
网络服务：	
接待／娱乐：	
礼品：	
汽车费用：	
广告／营销：	
运费：	
会计费用：	
律师费用：	
保险费用：	
盗窃损失：	
其他：	
间接成本总计	

自有品牌零售成本表					
日期：		公司：			
款式代码：	样衣代码：	季度：			组别：
尺码范围：	样衣尺码：	款式描述：			
面料：					
面料	估计用量	单价（$/yard）	估计成本	估计总成本	款式图
面料1：					
面料2：					
运费：					
辅料	估计用量	单价（$/yard/gr/pc）	估计成本		
辅料1：					
辅料2：					
辅料3：					
运费：					正面图
物料	估计用量	单价（$/yard/gr/pc）	估计成本		
物料1：					
物料2：					
运费：					
人工	直接人工	临时合同用工			
裁剪：					
缝制：					
后整理：					
唛架／放码：					背面图
商品直接成本估计					
代理佣金率（%）					
运费估计					
关税税率（%）					
清关费用率（%）					
本地运费					
产品开发成本					
其他成本总计					
LDP/DDP的成本估计					
自有品牌零售毛利		目标毛利率（%）	100%–$MU\%$	毛利	
自有品牌零售价格					
制造商建议零售价格（MSRP）					

生产成本表					
日期:		公司:			
款式代码:	样衣代码:	季度:			组别:
尺码范围:	样衣尺码:	款式描述:			
面料:					
面料	估计用量	单价（$/yard）	估计成本	估计总成本	款式图
面料1:					
面料2:					正面图
面料3:					
运费:					
辅料	估计用量	单价（$/yard/gr/pc）	估计成本	估计总成本	
辅料1:					
辅料2:					
辅料3:					
运费:					
物料	估计用量	单价（$/yard/gr/pc）	估计成本	估计总成本	
物料1:					
物料2:					
物料3:					
运费:					
人工	国家	直接人工	临时合同用工	估计总成本	
裁剪:					
缝制:					背面图
后整理:					
唛架/放码:					
商品总成本					
代理佣金率（%）					
运费					
关税税率（%）					
清关费用率（%）					
本地运费					
LDP/DDP 价格					
	A	B	C	D	
销售价格					
净利润（销售价格–成本）					
净利润%（净利润/销售收入）					

一次性启动费用	金额	备注
一次性启动成本：		
租金押金		
家具和装置		
设备		
扩建／翻新		
装修、涂漆和改建		
安装固定装置和设备		
初始库存		
公用事业存款		
法律及其他		
执照和许可证		
广告和促销		
咨询		
软件		
现金		
其他		
一次性总开办费用：		
每月费用：		
银行费用		
债务服务（本金和利息）		
保险		
会费		
维护和维修		
营销和促销：广告		
营销和促销：其他		
其他		
薪酬：工资（所有者／经理）		
薪酬：工资（雇员）		
薪酬税收		
专业费用：会计		
专业费用：法律		
专业费用：其他		
房租		
订阅		
用品：办公		
用品：经营		
电话		
公用事业		
每月总费用		
若干月所需要的费用		营运流动资金
营运资金所需的总启动资金：		
贷款金额（按80%全面启动）		

加载生态费用率的传统成本表					
日期：		公司：			
款式代码：	样衣代码：	季度：			组别：
尺码范围：	样衣尺码：	款式描述：			
面料：					
面料	估计用量	单价（$/yard）	估计成本	估计总成本	款式图
面料 1：					
面料 2：					正面图
运费					
辅料	估计用量	单价（$/yard/gr/pc）	估计成本		
辅料 1：					
辅料 2：					
辅料 3：					
运费：					
物料	估计用量	单价（$/yard/gr/pc）	估计成本		
物料 1：					
物料 2：					
运费：					
人工	直接人工	临时合同用工			
裁剪：					
缝制：					背面图
后整理：					
唛架 / 放码：					
商品直接成本估计					
代理佣金率（%）					
运费估计					
关税税率（%）					
清关费用率（%）					
本地运费					
产品开发成本					
工厂采购					
折价 / 清仓					
加载生态费用率（%）					
其他成本总计					
LDP/DDP 的成本估计					
批发毛利		目标毛利率（%）	100%–MU%	毛利	
批发价格					
零售毛利		目标毛利率（%）	100%–MU%	毛利	
零售价格					
制造商建议零售价格（MSRP）					

全球采购的传统成本表					
日期：		公司：			
款式代码：	样衣代码：	季度：			组别：
尺码范围：	样衣尺码：	款式描述：			
面料：					
面料	估计用量	单价（$/yard）	估计成本	估计总成本	款式图
面料1：					
面料2：					
运费：					
辅料	估计用量	单价（$/yard/gr/pc）	估计成本		
辅料1：					
辅料2：					
辅料3：					
运费：					正面图
物料	估计用量	单价（$/yard/gr/pc）	估计成本		
物料1：					
物料2：					
运费：					
人工	直接人工	临时合同用工			
裁剪：					
缝制：					
后整理：					
唛架/放码：					
商品直接成本估计					
代理佣金率（%）					
工厂采购					
运费估计					
关税税率（%）					背面图
清关费用率（%）					
本地运费					
其他成本总计					
LDP/DDP的成本估计					
批发毛利		目标毛利率（%）	100%−MU%	毛利	
批发价格					
零售毛利		目标毛利率（%）	100%−MU%	毛利	
零售价格					
制造商建议零售价格（MSRP）					

传统成本表					
日期：		公司：			
款式代码：	样衣代码：	季度：			组别：
尺码范围：	样衣尺码：	款式描述：			
面料：					
面料	估计用量	单价（$/yard）	估计成本	估计总成本	款式图
面料 1：					
面料 2：					
运费：					
辅料	估计用量	单价（$/yard/gr/pc）	估计成本		
辅料 1：					
辅料 2：					
辅料 3：					
运费：					正面图
物料	估计用量	单价（$/yard/gr/pc）	估计成本		
物料 1：					
物料 2：					
运费：					
人工	直接人工	临时合同用工			
裁剪：					
缝制：					
后整理：					
唛架 / 放码：					
商品直接成本估计					
代理佣金率（%）					
运费估计					
关税税率（%）					
清关费用率（%）					背面图
本地运费					
折价 / 清仓					
其他成本总计					
LDP/DDP 的成本估计					
批发毛利		目标毛利率（%）	100%–MU%	毛利	
批发价格					
零售毛利		目标毛利率（%）	100%–MU%	毛利	
零售价格					
制造商建议零售价格（MSRP）					

加载开发费用的传统成本表					
日期：		公司：			
款式代码：	样衣代码：	季度：			组别：
尺码范围：	样衣尺码：	款式描述：			
面料					
面料	估计用量	单价（$/yard）	估计成本	估计总成本	款式图
面料 1：					
面料 2：					
运费：					
辅料	估计用量	单价（$/yard/gr/pc）	估计成本		
辅料 1：					正面图
辅料 2：					
辅料 3：					
运费：					
物料	估计用量	单价（$/yard/gr/pc）	估计成本		
物料 1：					
物料 2：					
运费：					
人工	直接人工	临时合同用工			
裁剪：					
缝制：					背面图
后整理：					
唛架 / 放码：					
商品直接成本估计					
代理佣金率（%）					
运费估计					
关税税率（%）					
清关费用率（%）					
本地运费					
产品开发成本					
其他成本总计					
LDP/DDP 的成本估计					
批发毛利		目标毛利率（%）	100%–MU%	毛利	
批发价格					
零售毛利		目标毛利率（%）	100%–MU%	毛利	
零售价格					
制造商建议零售价格（MSRP）					

传统成本表					
日期：		公司：			
款式代码：	样衣代码：	季度：			组别：
尺码范围：	样衣尺码：	款式描述：			
面料：					
面料	估计用量	单价（$/yard）	估计成本	估计总成本	款式图
面料1：					
面料2：					
运费：					
辅料	估计用量	单价（$/yard/gr/pc）	估计成本		
辅料1：					
辅料2：					
辅料3：					
运费：					正面图
物料	估计用量	单价（$/yard/gr/pc）	估计成本		
物料1：					
物料2：					
运费：					
人工	直接人工	临时合同用工			
裁剪：					
缝制：					
后整理：					背面图
唛架/放码：					
商品直接成本估计					
代理佣金率（%）					
运费估计					
关税税率（%）					
清关费用率（%）					
本地运费					
其他成本总计					
LDP/DDP的成本估计					
批发毛利		目标毛利率（%）	100%-MU%	毛利	
批发价格					
零售毛利		目标毛利率（%）	100%-MU%	毛利	
零售价格					
制造商建议零售价格（MSRP）					

致谢

在本书撰写的过程中，行业专业人士、同事和朋友们以各种方式，慷慨地提供了相关知识、成本信息以及细致的审核，在此对以下人士或单位表示感谢：

- 宾森·什雷特萨（Binson Shrethsa）：斯坦普服装公司（Stemp Apparel）联合创始人，该公司生产大麻服装和配饰。

- 丹妮拉·安布罗吉（Daniella Ambrogi）：力克（Lectra）营销副总裁。如需进一步了解力克e2e产品开发、裁床、唛架和定制等软件系统，请联系丹妮拉（邮箱：d.ambrogi@lectra.com）。

- 伊迪·罗伯茨（Edie Roberts）：伊迪公司创始人，伊迪家纺公司（Edie@Home and Levinsohn Textile）设计总监，在网上零售商店中可以找到该公司的枕头系列产品。

- 伊丽莎白·佩普（Elizabeth Pape）：服装品牌伊丽莎白·苏赞（Elizabeth Suzann）的创始人，她授权在第4章中放入分步成本计算表。如需了解个人详情请查阅她在纳什维尔（Nashville）设计和制造的一系列精致的产品。

- 朱丽叶·阿特威（Juliette Atwi）：美国纽约利姆时尚商业管理学院（LIM College，以下简称LIM学院）兼职教授，产品开发和供应链特别协调员。

- 肯尼斯·布卢姆（Kenneth Blum）：东北经纪公司代理人，该公司总部位于JFK机场。访问公司网站可获取货运服务信息。

- 塞尔吉奥·普鲁斯基（Sergio Prusky）：InStyle软件和InStyle PLM公司创始人。如需进一步了解PLM公司的信息请联系塞尔吉奥（邮箱：sergio@instylesoft.com）。

- 梅利莎·鲁西内克（Melissa Rusinek）：环境管理、可持续性、区块链技术方面专家。

- 安东尼·西贝利（Anthony Cibelli）：高级制板公司（Top Notch Pattern INC.）创始人，该公司提供基于NYC的评分和分级服务。